任何一种人生都会有相应的代价，
最精彩的人生也永远是最难的。

不过我相信，最后的最后，
我们都会变成更好的人，
孤勇之后，世界尽在眼前。

孤勇之后，

世界 尽在眼前

迷鹿／著

中国出版集团

现代出版社

没有人是真正孤独的，
虽然你一个人只身前行，
身后依然仿佛跟着一队雄兵，
那都是曾经和你有过相同经历的人，
他们就是你勇气的源泉。

孤独该用来享受，而不是用来忍受的。
内心是荒凉沙砾，到哪里都是寸草不生；
内心阳光万里，去哪里都是鲜花开放。

你所热爱的不一定拥有，

你所向往的不一定抵达，

你所眷恋的不一定停驻，

你所坚定的不一定持续。

经过与快乐的谈判，

与痛苦的和解，

适合你的生活方式，就是归宿。

我们每个人终究都要为自己的人生埋单，
或迟或早，而你总会明白这一句——
自欺欺人找借口绝对是最最愚蠢的选择。
毕竟，哪怕你的种种理由说服得了别人，
却改变不了你自己的困境。

不懂珍惜有无数种，

其中最难察觉的一种就是，

常为了随意看你一眼的人而活，

却忽略了那些真正注视着你的目光。

有时候，不如就承认一下，
我们都没有那么坚强，
也不是那样刀枪不入，
我们只是想被温暖地抱一下。
又有什么关系？

过了期的情感就像是
开罐太久的可乐，味道可能尚在，
可那股一下子就让人
鼻腔一爽的感觉却再也没有了。
其实，我们都懂的，
时过境迁，有些错过真的不可惜，
有些人真的不必太想念。

你不会被所有人理解，
甚至被一个人彻底理解也难。
但还是要努力遵循内心去做，
总有一天他们会发现，
原来你不是开开玩笑而已。

放给世界的狠话

人生有很多种不同的打开方式，他可以告诉自己"平平淡淡才是真"，她可以相信"撒娇女人最好命"，但是，人生最痛快酣畅、无懈可击的姿态，其实是活得特别狠。

毕业了，工作了，你想从手无寸铁到有房有车有人追，你敢对自己不狠？

失恋了，分手了，你要昂首挺胸、姿态潇洒地走出来，你敢对回忆不狠？

受挫了，被打击了，生活迫使你一次次去打怪兽的时候，你敢对命运不狠？

所谓的岁月温柔、山河静好都只是结果，过程一定是"狠"过来的。而这种狠绝非冷血和刻薄，更不是绝情，那是你生活的底气、斗志、勇气和力量——我要配得上更好。

　　其实，人人都是一样，一步一步往前走，有所爱，也有所怕，而你若真想过得精彩一点儿，就总要对世界撂下几句走心的狠话。

　　谢谢，我不将就。

　　俄罗斯方块谁都玩过，你的屏幕上五颜六色的图形码成堆，却仍然留着一窄条的希望。你偶尔也羡慕其他人，来一行消一行，按部就班，什么也不留下，而你还在死磕着你的四格竖条积木。你说，等它出现的时候，你之前独自攒下的那些夜晚就会在屏幕上闪起星星，然后"咻"的一下消失不见，无论之前堆积了多少蠢事，都没有关系了。

　　你瞧，所有的等待和不将就，其实都是为了换来一个值得，而我，不愿意将就。

　　抱歉，我不一样。

　　人生一世，终究不是为了喜欢谁、被谁喜欢，不是成为无聊的大多数，而是为了自己能够尽兴。

　　我始终希望，我的善良带着锋芒，我的温柔带着力量，我的付出带着美好。我不会成为那种整天矫情地说着所谓"孤独""迷茫""不幸运"和"边缘感"的人，我要摆脱生活表面的相似。

呵呵，我不投降。

童话里的故事都是骗人的，现实中的麻烦全是免费包邮的，但这又怎样？

人生中所有的目标都是自带光环的，但目标的魅力却不在于光环有多么耀眼，而是你真的让它有实现的那一天。所以，唯一不能做的，就是在明明最应该努力的时候举起白旗。

要知道，人生是一个过程，该做的不做，想做的还不做，就等于白活。

没错，我不回头。

应该如何放下曾经，以眼泪？以倔强？以沉默？

有时候，爱到分开未必就是输，我们遇见的所有人都自有他的意义，所以，有的人在教会了我们应该如何珍惜、如何付出之后，成了漫漫人生里我们只能错过的好人。但是，时间总会把对的人留到最后，所以，如果中途有人离开，请你别哭，别回头。

我们都是人而不是神，难免会受伤。所以，好好爱自己，

不将就，不妥协，不停留，
一腔孤勇，一往直前。

孤勇之后，世界尽在眼前。

胜过爱爱情。毕竟，有些错过，真的不可惜。

放心，我不辜负。

每个人的生命"配置"都不同，人生路径也都不同，但毫无疑问的是，我们一定能在自己的能力范围内给自己一个最优的结果，否则，就只能说明自己白白辜负了来人间走上一遭的这番美意。

任何一种人生都会有相应的代价，最精彩的人生也永远是最难的。不过我相信，最后的最后，我们都会变成更好的人。

不将就，不妥协，不停留，一腔孤勇，一往直前。孤勇之后，世界尽在眼前。

目 录

CONTENTS

抱歉，我不一样

呵呵，我不投降

没错，我不回头

A

谢谢，
我不将就

○　○　○

不管怎样，希望你是这样的人——

拥有热情，放下不安，

热爱生活，不勉强，有期待。

唯有如此，

你的孤独、等待和你的不将就才更有意义。

I say...

单身久了，习惯了孤独，
即便是碰到了比较有感觉的人，
首先也会突然害怕，会暗暗摇摇头，心说算了。

You say...

像是"习惯""原则"这种东西，
难道，不就是留给喜欢的人来打破的吗?

嗯，孤独的人，都会很快长大。

从此不再勉强自己

前一段时间突然心血来潮想养只小狗，然后就很无厘头地告诉了我的一个朋友。过了好大一会儿她才回了消息给我：你最近一次和男生单独出去吃饭是什么时候？

比我还无厘头吧？

但是再一想也就明白了，她其实是在问我是不是过得太寂寞了。

一个人独处的时候你会做些什么呢？

是不是会一边羡慕他人一边怜悯自己，将小情绪无限放大，却又说不清伤感从何而来，于是就草率地将心中的一切郁结统统归咎于孤独呢？

穿过一条街就是电影院，但是自己几乎没怎么去看过电影。售票厅里熙熙攘攘，但都是结伴而来的人，只有自己一个人坐在一边等待开场，手里攥着孤零零的电影票。售卖的零食也基本都是套餐，不知道要买什么才好。就你一个人，仿佛显得特别异类。

这个时候，孤独感格外的清晰。

一个人逛街，明明很有时间，但就是毫无兴致。穿过一条条大大小小的街，找找自己想要买的东西，然后在街区的休息椅上，看着挂着鲜明招牌的店铺，以及即使疲惫但依旧兴致高昂的人们，就这样度过了一整个下午。

这个时候，孤独感格外的清晰。

休息日，到了晚上才发现，自己的电话一整天都没有响过。你这一整天就只吃了一顿饭，竟然还是那种不太健康没营养的快餐。没人知道。

这个时候，孤独感格外的清晰。

不可否认，一个人的日子里常常会有着深深的孤独，很多时候更会觉得格外难熬。人却慢慢变得越来越不愿被打扰，怕改变，怕麻烦，更怕被辜负，甚至于觉得两个人在一起会太累，做什么都要顾及很多，倒不如自己一个人来得利落干脆。更何况，当你一个人熬过了所有的苦，也就没那么想和谁在一起了。

但是，一个人生活就一定是一段糟糕的生活吗？倒也不尽然。恰恰正因为如此的孤单，我更希望你让单身成为自己最好的升值期，学会为自己的世界添砖加瓦。希望在这样的生活里，单身的你依然能活出让别人羡慕的姿态。

愿你有高跟鞋也有跑步鞋，喝茶也喝酒，有钱更有自由。
愿你有勇敢的朋友，有特别牛的对手，和值得敬重的人在一起，让自己更加优秀。
愿你对过往的一切情深意重，但从不固执守旧。
愿你对向往的未来不遗余力，但当下从容，一步一步，一步也不回头。
愿你特别美，特别敢，特别酷，也特别温柔。

不管怎样，希望你是这样的人——拥有热情，放下不安，热爱生活，不勉强，有期待。
唯有如此，你的孤独、等待和你的不将就才更有意义。

I say...

当孤单变成一种习惯，
习惯的人都知道太难戒。

You say...

如果内心独立而有力量，
像这样的人，
我倒一点儿也不担心他驾驭不了所谓的孤单。

我喜欢独自一个人，直到走进你心里。

你所承受过的苦，
其实都是你日后的礼物

单身是一种什么样的感受？

一个人的时候，去哪都不久留。

一个人的时候，越往人群中靠近一寸寻找存在感，内心似乎就多了一分孤独和落寞，身边越是人来人往，反而越容易觉得孤独。因为你知道，在那么多的人当中，其实并没有一个人可以真正倾心长谈。

一个人的时候，明明是特意给自己做了好好的一餐饭，结果吃着吃着竟然没有了丝毫的胃口。

一个人吃零食，知道了一袋9块钱的薯片里有53片。

一个人看电视，很想跟别人吐槽剧情太俗太烂的时候，还是默默地闭上了嘴。

一个人看电影，忽然觉得像极了过生日的时候，只能自己对自己说一句"生日快乐"。

是啊，你一个人吃饭，一个人看书，一个人加班，你或许很辛苦，跌跌撞撞一身伤，你在微博里、朋友圈里写下自己的委屈和辛酸，也许会有旁人来安慰你几句。但你要明白，这是你当下经历的事，也是永远都有人会经历到的事，所以，没什么大不了，更没什么可丢人的。

这个世界就是这样，并不是只有你一个人在打拼、在奋斗、在努力，大家都各怀各的心事和抱负，都在默默付出，一点点失落、失意真的算不了什么，也大可不必抱怨。

相反，如果为了摆脱孤单，为了所谓的"合群"就去拼命伪装，为了得到别人的肯定而费力表演，就像你明明是一滴油，却非要溶进水里。

当人在生活中戴着面具去伪装，这才是一种痛苦，才是最大的孤单，因为你丢失了自己。

丢失了的自己的人，一定会一天比一天更加焦虑，每次都习惯性地期望能有人替自己指明要走的路。可是，每个人的人生虽然都会有别人的参与，却终究要由自己完成。如果真的想要在迷茫中彻底成长起来，这样的你，必须先要学会面对和接受孤独，哪怕伤疤还没被磨炼得足够硬实，也不再依赖别人递过来的铠甲和护盾。

《小王子》里说，"星星发亮，是为了让每一个人有一天都能找到属于自己的星星。"

是啊，故事还在继续，路还很长，难免会有辛酸、有皱眉、有难熬，但是，人生这一场征途上依然会有你想看到的星辰和大海，无论怎么样，别松手就好。

孤独也好，绝望也罢，年轻时候所承受过的苦，其实都是你日后的礼物。因为你只有扛得起多大的风雨，才能经得起多大的赞许。

愿你能让自己成为有趣的人，尤其是自己一个人的时候。

愿你前途清澈明朗，有能力去做愿意做的事，爱想爱的人，从容自在，不将就。

I say...

也许，这世上最孤独的旅程，
就是两个人之间的距离。

You say...

基本上，一开始就对你高冷的男人，
会比你所想象的更不可能喜欢上你。
欲擒故纵的那一套，真的不流行了。

我们都是仅此一生，总要与倾心之人共度，
才不算辜负。

感情的戏，我没演技

单身的人，日常里会遇到一些各种各样的"小刁难"。

路过第二杯半价的饮品店；突然很想去吃热气腾腾的火锅；遇到突然停电、断网的夜；一个人点外卖不够起送价；雷雨交加宅在家的周末；看着一本很想很想分享的书；加完班回家，在楼下看到整栋楼里从上到下就只有自己家里的窗户是暗着的……

当你每天都独自吃晚餐，下雨了没人送伞，开心的事没人可以分享，难过了没人可以倾诉，走在熙熙攘攘的人群中，看着来往的人群，没人在意你是喜是悲。

你的情绪不能用语言说出来，把所有事都烂在心里。

这，就是最深的孤独。

每当到了这些时候，心里难免还是会泛起涟漪，想着如果能有个合拍的另一半，那该多好啊。

其实很多时候，如果一直是自己孤单一人，无非就是喜欢的人未出现，出现的人不喜欢。可是你知道的，谈恋爱毕竟不是去菜市场买菜，你只要选一选挑一挑，一餐饭就总归可以搞定的。

一个人生活久了，不是不相信爱情，恰恰相反，你会特别看重它，而正因为看重，所以明白绝不能随意。

所以，有的人一直在寻找正确的人，找到了自然全心全力爱他，找不到那就暂且独处。如果因为寂寞而与一个并不相称的人恋爱，以后会对爱情更加失望吧。

肚子饿的时候别购物，刚吃饱饭别去游泳，半夜写的信息别头脑一热就发出去，还有，心情差的时候别开车。总之，尽量别在太过渴望或者太过冲动的时候做决定。

我现在很饿，我很想吃东西，所以不管这份食物好不好吃、我爱不爱吃、过不过敏，我就是急切地想要把它吃掉。就像单身久了太渴望爱情所以盲目地开始，最后大都会消化不良，反而大伤了自己的肠胃。

有些东西你可以头脑一热，但有些东西则必须小心谨慎。

在这个世界上，很多事情都可以将就，但婚姻这件事情除外。因为你得到的不只是一张证书，你得到的是在此之后的一种生活。从结婚到年老，你有着几十年漫长的人生，如果全部勉强交付于另一个人，再怎么想都还是心酸吧。

你嫁的人是谁很重要，因为他将决定着你一辈子的生活状态。他娶的人是谁也很重要，她很有可能决定着他一生的层次和高度。不要将就地嫁，也别违心地娶。

其实说来说去——感情的事，谁也没有多少演技，我装不出矜持，你藏不住冷淡。

我知道，现在的你，受伤的长发已经养好，不到三位数的体重保持着，挑剔的胃照顾得很好，爱好、能力、气质、见地、信心都在日渐丰满，能一路废话、八卦、吐槽的好朋友也一直都在身边。在别人看来，你的生活里就只是还缺少一个温暖、温柔的人。

其实，如此美好的一个你，还真的需要担心些什么吗？

不要把精力全部用在某一个人身上，当你变得越来越好、越来越有光芒的时候，你就一定会发现所有的事情都会变得容易了，包括爱情。

I say...

真正的爱，
就是两份孤独相护、相抚，欣喜相逢；
就是和你在一起以后，我再也没有羡慕过任何人。

You say...

喜欢你的人会用尽一切方式，
让你相信这样一个简单的事实，
那就是——你配得上一切的美好。

爱情不只是我知道你爱我，而且是我相信我值得
你如此。

不必和那些"不将就"死磕

何为将就？

女人说：反正我喜欢的那个人对我没感觉，只有你追我，那就这样吧。

男人说：反正真正吸引我的人我大概也追不上，那就只好追你啦。

我不知道，现在的你偶尔是否会被身边的男生追求，有鲜花，有美食，还有炽热的承诺，诱惑力真的好大。可是你总觉得，爱情啊，如果不是自己真正喜欢的那个人，一切似乎就都没了意义。

也许，别人思考的角度是你一定是太挑剔、太矫情，要求太高——高学历、高收入还得高颜值。你笑笑，淡淡地说："也不是啊，我对这些都不是太看重，更不是什么独身主义者，但遇到的人当中就是没那种感觉，什么都对，可就是感觉不对。"

说穿了，这世上有些人的单身其实是属于主动单身，在他们的眼里，只有该结婚的感情，没有该结婚的年龄。

恰恰因为如此，所以《何以笙箫默》里才有那句流传甚广的台词：如果世界上曾经有那个人出现过，其他人都会变成将就，我不愿意将就。

王尔德说，我们都深陷红尘，但总有人仰望星空。

很好，你愿意去做仰望星空的那个人，而不是在泥地里打过滚就要带着泥，不是在水深火热里挣扎就要把自己命运交给水火。仰望星空的人肯定十分孤独，却自有他们的欢喜和幸运吧。

那么，如果跳出爱情的范畴，关于将不将就这件事，又会变成怎样的命题？

不将就的确是一种态度，它或许能拯救你于庸常的生活，鼓励你去追求心之所向。但是现状却是，我们也许能力有限，不可能事都不将就。而很多人的通病就是明明什么都没有，还要事事不将就。

在你的经济能力尚且薄弱的时候，你将就的可以是那些非名牌的衣物，那些非大餐的饮食，而不是积极的人生态度。

在你还依赖父母的时候，你将就的可以是那些无法说走就走的旅行，还有那些攀比和虚荣的欲望，而不是自己的眼界、梦想和追求。

有一天你会知道，生活，其实重要的并不是你将不将就，而是你将就了什么。

此时，年轻的你或许还一无所有，但你大可不必和那些"不将就"死磕，你可以坦然地去将就一些事，终究你才有资本、有底气，去达成那些你不愿意将就更不该将就的事，比如，爱情。

I say...

真想像衣服一样，晒上一整天的太阳，
和蓝天对话，和风捉迷藏，
晚风轻扬时，有人抱回家。

You say...

没必要刻意遇见谁，也不急于拥有谁，
更不勉强留住谁。
顺其自然，不输给过程，就是好结果。

有一天，或许你会感谢当初不够执拗的自己，没有
一定等到最完美的那个人。

愿你的坚持都是因为热爱

沈从文曾经对张兆和说，我行过许多地方的桥，看过许多次数的云，喝过许多种类的酒，却只爱过一个正当最好年纪的人，我应当为自己感到庆幸。

可是，到底什么才是最好的年纪？

在少女时期，她曾想象过很多次爱情来时的样子，或是他身披铠甲圣衣，手拿枪戟，为她远征沙场，抑或是他脚踩祥云，威风凛凛，赴她今生之约。

后来年纪慢慢大了她渐渐明白，爱情里根本就没有所谓的大英雄和神，只要那个人是她爱的、让她心动的人，哪怕是粗茶淡饭，日复一日，她便甘之如饴。

她一度以为，或许就算是能够陪伴她粗茶淡饭日复一日的人，自己都没机会遇上了。

可是当有一天，她临时被要求加班，等出了办公楼才意外地发现有个人原来一直等在外面，待她走过去说："你等很久了吧。"他就只是轻描淡写无比自然地接了句："没关系啊，你来得刚刚好。"

她和他相亲认识，她 28 岁，他 31 岁。

那个时候她突然觉得，她的爱情在自己 28 岁的这一年来得刚刚好，不将就。

好像所谓的特别幸运也无非就是这样吧，你本以为自己恐怕会这样过完一生，后来突然间就出现了一个人，对你说，如果你愿意，他可以用他的一生告诉你，其实，人生还有很多很多种的打开方式。

都说一个人用尽全部的心力去爱另一个人的机会，一辈子大概就只有那么一次。这样的爱，你又如何舍得苟且和将就呢？

所以，永远不要对爱情死心，永远不要害怕自己不再年轻，在爱情这件事上，总有一个人，他会是你的特别幸运，以及刚刚好。

孤独的时间里，你的人生没有他人指手画脚，而你也不需要违心地去证明什么，你就是你自己。任凭心里的那条河缓缓流淌，看看到底能流到什么地方，灌溉出怎样的田地。

如果现在的你孤身一人，愿你知道，无论你再怎么做，今天的你还是扫不到明天的落叶。世上有很多事情是无法提前和无法预备的，不管是物质也好，希望也罢，唯有认真地活在当下，才是最好的选择。

愿你的每次努力都有进步，愿你常在换季的衣服里发现一些忘记的钱。

愿你在下雨天时路上的车不会拒载，愿你新尝试的美食总是比想象中的更好吃。

愿你的坚持都是因为热爱，愿你所喜欢上的人也恰巧喜欢你。

I say...

爱情和婚姻真的是两码事吗?

You say...

如果遇到对的人,那就是一码事了。

每个人都有属于自己的表达方式,如果你不喜欢,
就只能说明那不是为你准备的。

虽有瑕疵，但很幸福

在鲁迅眼中，爱情是我寄给你的信总要送往邮局，不喜欢放在街边的绿色邮筒中，我总疑心那里会慢一点儿；

在马尔克斯眼中，爱情是俯视世俗的凡人匹夫，用八十岁的肉体相爱到天荒地老；

在博尔赫斯眼中，爱情是超越时间的束缚，以火焰般的缠绵化身时光本身；

在梁文道眼中，爱情是扬帆出海，享受那无法预知的航线和变幻莫测的风暴。

曾经，我们都在心里美美地设想过爱情的模样吧。

你想找到一个人，既可挽袖剪花枝，又能洗手做羹汤；我想找到一个人，既纯真又有趣，阳光、帅气，在人群中独一无二；他想找到一个人，美丽却不做作，独立却不刚硬，善良却不懦弱。

我们都有着这样那样的期待，可实际呢？

这个世界的每个人，当然也包括我们自己，都不是十全十美，我们所遇到的人，常常是有颜值的未必有趣，有趣的未必有钱，有钱的又忙得没时间，而有时间的又未必专情。

所以，谁和谁在一起也并非是外界所见、所认为的那种完美无瑕的"天生一对"。爱情里的"完美"所指的从来都不是谁遇到了一个样貌、人品、性情、家世俱佳，还深情无比的完美爱人，基本上，那样的人是只会出现在偶像剧里的男女主角。

爱情里的"完美"其实指的并非是具体的人，而是你们之间的关系和相处方式。

就像你遇到了一个人，你们之间的关系有着一种极其微妙的平衡，你们有着彼此各自最欣赏和最看重的东西，或者互补，或者相似，相互认定，相互承担。你没凑合，我也没将就。

你看，她知道他很不浪漫，情商不高，从来都不会甜言蜜语哄她开心，但是他也真的是大气包容，从不会斤斤计较没耐心；他知道她其实很粗心大意，但她绝不会无理取闹，总是对生活充满了极大的热爱和善意；她知道，他始终能让她安心，他知道，她不会走。

正所谓"瑕不掩瑜"，不要因为一点儿瑕疵就轻易放弃一段爱情，毕竟爱情里需要的是温度，是陪伴，而非触不可及的完美。

上帝不会让任何人与物完美无缺，生活也不会让任何事百分之百的圆满。没有人可以得到所有的幸福，生活中也总会存在这样那样的缺憾。

人有悲欢离合，正如月有阴晴圆缺，上帝给谁的都不会太多，太完美。

有一天，当你真的成了过来人你便会知道，所谓的完美不过就是"虽有瑕疵，但很幸福"。

I say...

有些人，我觉得他是我的全部，
而我呢，或许只是他的可有可无。

You say...

你那么好的一个人，
凭什么跑到别人的生命里当配角，当插曲？

假如等日后热度退了再想一想，当初的那份痴情，
是否更像是在胡闹？

爱一个人，
首先是忠于自己

如果你喜欢的人不喜欢你，哪怕全世界的人都喜欢你，你依然会觉得无比孤独吧……

其实你知道的，感情从来都不是一种等价交换，不是只要你对他好他就应该反过来同样对你好的。人，总不可能一直踮着脚尖去爱一个人，重心会不稳，身心疲累，是撑不了多久的。

其实，两个人不能在一起，并不代表你本身多么不好，而是你们可能根本就不在一个频率。他就是喜欢吃苹果，可你偏偏是橙子，他不想将就一份自己没有丝毫感觉的爱情，他想忠于自己，就这么简单。

想必你自己也是一样的吧，如果面对一个你说什么都不来电的追求者，你又该如何选择？

答案已经很清楚了，不是吗?

好的爱情是你通过一个人看到了另一个世界，坏的爱情是你为一个人舍弃了自己的世界，甚至辜负了另一个真正值得珍惜的人。

你应该为真正值得的人赴汤蹈火，对闲杂人等别在乎太多，千万不要在不可能、不必要的人那里，浪费了自己的真心。如此，你的喜欢、你的付出、你的选择才显矜贵。

请你千万不要误解了"努力"这两个字的意义，一个人要努力变成更好、更优秀的自己，最大的动力和目的绝对不应该是为了去遇见谁、去匹配谁。

一定有人会说，你快点儿优秀起来，你快点儿变成肤白貌美、才智双全的女神，你要使劲使劲发光，这样才能嫁给一个高富帅啊。

抱歉，我实在不这么认为。

人的一切努力的意义，首先是为了给自己一份更有底气的生活，任何时候都不去依靠谁和仰视谁，那才是真正的陆地。我希望，面包就只是面包，爱情就只是爱情，而不必在爱情后面附加任何其他的标签。

很多人都以为人生最糟的事情是失去了最爱的人，其实，最糟糕的事情是你因为太过投入而失去了自己。或者，我们都应该相信顾城所说——"在你什么也不想要的时候，一切如期而至。"

在爱情乃至婚姻这件事情上，切忌用力过猛。我们都不必赋予其太多的具有救赎意义的东西，因为一场爱情和一纸婚书从来都不是你混沌人生的救赎和出路，它解决问题，但也制造问题。

一个人他如果无法充分享受单身生活的精彩，自然也就无力体会婚姻生活的充盈。他如果不能制造独处的快乐，也就无从感知相互扶持的美好。

那些能够遇得良人、能够婚姻美满的人，从来都不是因为幸运，他们首先懂得经营自身。一个人的日子能活色生香，两个人的世界才能相得益彰。

记住，在成年人的世界里，重要的事情有很多，并不是只有感情而已。

I say...

一个人的梦想，
唯有在另一个人加入时，才会有幸福的重量。

You say...

人之所以有两只胳膊，
除了是为了拥抱心爱的人，
在孤单的时候，还可以抱抱自己。

不是每一个好姑娘都能及时找到好男生，但幸好，
在这个过程中我们可以做更好的自己。

所有的等待
都是为了换来一个值得

　　曾有个人和我说过他很享受孤独，习惯了一个人吃饭，一个人看电影，一个人逛街，倒也没什么不好的。

　　我当时觉得很奇怪，几乎无法理解。现在似乎可以理解了——当你熬过了无数个孤独的时刻，大概就会觉得其实也不过如此。你没有别人猜想的那么难过，也就不需要别人陪伴了。

　　不过我相信，他只是还没遇到那个让他真正心动的人吧。

　　俄罗斯方块谁都玩过，你的屏幕上五颜六色的图形码成堆，却仍然留着一窄条的希望。你偶尔也羡慕其他人，来一行消一行，按部就班，什么也不留下，而你还在死磕着你的四格竖条积木。你说，等它出现的时候，你之前独自攒下的那些夜晚就会在屏幕上闪起星星，然后"咻"的一下消失不见，无论之前堆积了多少蠢事，都没有关系了。

你瞧，所有的等待和不将就，其实都是为了换来一个值得，你所有的执着，其实都是不想对着自己的心说谎。

仔细想想，人生会给每个人出很多道选择题，而且只能二选一。

单身，是自由，也是孤独；婚姻，是束缚，也是依靠。你选哪个？

将就一个爱你的人，继续等待你爱的人，你选哪个？

有人能带给你爱情，有人能带给你面包，你选哪个？

有人说了，面包更重要啊，没有面包的爱情，迟早都得饿死。可是也有人会说，没有爱情的面包，难道就不会噎死？

基本上，"人生"这两个字像极了一场辩论，而每个辩题得以存在的真正意义恰恰就在于有正有反，无论到了什么时候，永远都有人会站在两边不同的立场上去佐证各自的观点。

人生的路是没有固定模式的，选择不同而已，不可能两全其美。

人生总会有些日子，风有点儿大，雨有点儿急，天有点儿黑，人有点儿累，而脚下的沙石坑洞有点儿多。或许，你不知道怎样让自己安然走过这一段路，但只要还想走下去，眼下所经历的一切最终都只不过是过眼云烟。

而当那个属于你的"值得"出现之前，我希望你对自己好一点儿。

晚上尽量少熬夜，躺在床上别再反反复复刷手机了，越刷越容易失眠；

既然肠胃不好，那就少吃辣椒、冷饮和过热食物；

比较容易发胖的体质又管不住嘴，那就试着简单培养一个比较适合自己的健身和运动习惯，然后坚持下去；

每个月哪怕少买一件新衣服、一双新鞋，也一定要给自己买几本书或者杂志，一个人独处的时候一定多看看书，这个习惯会让你永远都有一些新的东西在输入，而不是永远都在消耗已知，入不敷出。

人的气度和气场绝对都是一点一点攒出来的，而好东西永远都值得你在它上面花费时间，这是一条最朴素的真理，且永远有效。

I say...

在爱情的世界里，
我的身边并不拥挤，你来了就是唯一。

You say...

真正美好的爱情里，
不会有软肋，也不需要铠甲，
我们都会好好的，或者，可以更好。

你要找的那个人，他的未来里也一定要有你。

喜欢你的人不怕麻烦，
也不忙

喜欢上一个人是什么感觉?

喜欢上一个人的感觉，是想戴上最美的面具，又想卸下所有的伪装，是会幻想将来和他在一起的生活。

喜欢上一个人的感觉，是再自信的人也会觉得自己还不够好。

喜欢上一个人的感觉，是一种不自觉想靠近的荷尔蒙分泌的冲动，你在千里之外的地方听到喜欢的人一句想念的话，就有立马赶到她面前的念头。

爱情里的喜欢大概就是这样吧，不怕麻烦，放在心上。

基本上，喜不喜欢一个人你自己是可以判断出来的，最简单的分辨方法就是不怕麻烦。为了见喜欢的人，就算明天是满课，就算天已经晚了也还是会赶过去的，因为喜欢，所以不想错过每一次能够见面的机会。

如果喜欢一个人，你看起来似乎一点儿也不忙，能陪他聊天，陪他吃饭，陪他打游戏，甚至大老远地跑过去，就只是想在一大群人里面远远看他一眼。你不是真的不忙，因为他比其他的事情都重要，所以，你不忙。

有人说，我们最美好的那段日子，其实是暧昧着但是还没有说破的时候。他每天会和我说早安，我们也常常会说些有的没的，晚上睡觉前会抱着电话聊很久。他在别人眼里很高冷，但那个每天说很多话，很幽默风趣的人也是他啊。

喜欢一个人的时候，你一定会想着怎么多多联系的。

或者你会认为，两个人既然打算在一起，就应该是对彼此有着足够信心的，所以，不常联系并不代表心里一定没有对方。但是事实却是，你喜欢一个人，自然就会想把很多的事都和他分享，在那么稀少的问候和关心里，真的还藏着喜欢吗？

当你遇到一个人，你或许猜测过他是否有点喜欢你但却不好意思说。其实，身处在爱情期待里的人很容易头脑"短路"，你大概不会发觉你是在帮他找借口，你会真的以为他很忙很忙，他有着那么多那么多不得已的理由。但是等你一旦跳出了这个死胡同的状态，你可能忽然就懂了——哦，他其实对我并没有什么感觉，他并不可能爱上我。

有些事本来就没有你所想的那么复杂，对你忽冷忽热，就是把你当备胎，让你感到患得患失，就是不够爱。那些喜欢里的收放自如，全都是为求全身而退的自我防卫。

你终究会明白的，没有挤不出的时间，只有不想赴的约。他的沉默就是答案，他的躲闪就是答案，他的不主动仍然是答案。

你喜欢他，你没错，同样，他不喜欢你，他也没错。

当他真的喜欢你，你根本不用多么漂亮，哪怕你是小胖子、小粗腿儿或者素颜控，他还是会主动找你，哪怕是折腾很远很远的路来看你一眼他都不会觉得累。他如果真的喜欢你，你就会是他在臂膀下全力保护着的那个人。

既然他不说，就是不喜欢，因为真正喜欢你的人不怕麻烦，也不忙。

如果你能早点儿认清你在他心中没那么重要，或许，你就会早快乐许多。

I say...

宁愿选择单身也不想要随便谈感情，
因为我不想当我遇见更好的人的时候，
已经把最好的自己用完了。

You say...

人生永远都没有什么最高级，
你又怎么知道，什么才是最好的自己？

执着是一种宝贵的稀缺资源，不是什么事都值得你
去挥霍，把所有的温柔都留给值得去爱的人。

有的路，
你必须一个人走

　　小的时候，觉得遇见一个人要跟她一起走过放学的那条小路。

　　再大一点，觉得遇见一个人要跟她一起分享一块自己舍不得吃的蛋糕。

　　再后来，觉得遇见一个人要陪她一起走过风雨。

　　再再后来，觉得遇见一个人就是你们一起变得更好，一起去面对这个复杂的世界。

　　可是，遇见一个自己真正喜欢的人，有多大的机会？

　　我们可能都见过这样的一类女孩，她们读书的时候是学霸，工作了以后是精英，方方面面都出众得很。她们身边并不乏追求者，可对于爱情，她们始终不肯将就。

　　于是，你觉得她骄傲、矫情又挑剔，你觉得她稍显物质，你觉得除了才华之外，她还要求身高、长相和好的性情，这实属有些不切实际，也是在白白耽误自己的大好青春。

可是，这些真的都只是"你觉得"而已，你不要忘了，她们可早就已经不是什么天真无知、不谙世事的小萝莉，她们会告诉你，遇到了对的人，这些其实都不是问题。

这样的女孩，让她想去结婚的原因大概就只有一个——因为爱情。

如果有一天，那个与她势均力敌的人终于出现在了她的面前，当四目相对，他们都知道，这不是"相遇"，而是"归来"，是真正的"久别重逢"。

人生有的路，你必须一个人走，这不是孤独，而是选择，而我也从来没有遇见过真正喜欢和愿意孤独的人。在我的眼里，她们不附庸、不依赖，她们是在以自己最独立的姿态，在等待爱，以及这之后的所有改变。

朱德庸说过，想要碰到一个对的人，真的是一件很难的事，碰到对的人之后要维持那个对，是一件更难的事。

实际上，懂得守护自己初心的人，往往也更加懂得珍惜。而这样的好女孩在等到了那个对的人以后，要维持住这个对，也要相对容易得多，幸福得多。

如果再换个角度想一想，关于为什么要结婚，每个人都有属于自己的理由，或者浪漫，或者理性，或者真实得接近于生活，或者干瘪得近乎苍白。

有人说，年纪差不多了，那就结婚吧；

有人说，心累了，所以想结婚了；

有人说，怕一直恋爱对两人消耗太大，所以就赶紧挑选日子结婚了；

有人说，想找个人过过柴米油盐的小日子罢了。

我不知道你有多久没有听过一个人结婚是因为"我很爱很爱那个人"了。

你看，如果你结婚不是因为爱情，我也不是，她还不是，我们都得不到一场因为爱情的婚姻，那，这世上还要爱情来做什么呢？

是不是幸好世界上还有一些人，不将就，肯等待？我相信，这样的人，命运是不会允许他们的爱情不精彩的。

愿你也相信。

I say...

我努力把日子填满，
可生活总是时不时不怀好意地提醒我有多孤单。

You say...

别让孤独变成坏事，
你可以在朋友圈里寻找热闹，
也要学会自己一个人独处。

不被爱是常态，被爱是中了六合彩，然而，很多人
似乎不太明白这点。

学不会独处，
你将永远是自己的陌生人

还记得吗？在《剩者为王》里，女主角特别特别想嫁人的时候，自己一个人去试了试婚纱。

瞧，这世上哪里会有人喜欢孤独，只不过是选择的路不同，承受和换来的东西也不同罢了。

有些人，尤其是越优秀的人，他们单身并不是因为什么不敢再爱，不是怕受伤，也不是还忘不了谁，现实的生活里哪来那么多爱情剧本里的狗血原因，无非就只是还没有碰到一个真正心动的人，能陪我走一辈子的人还在路上，在她来之前，我不怕孤单，宁缺勿滥。

这样的人，能够做到关注自己的内心多过别人的评判，不愿勉强和委屈自己，他有对抗周遭舆论的勇气。他并不一定要追求完美，只是想要找到最想要的那个，没有就等，宁愿空着缺着，也不愿意随便将就。

在这个暧昧比恋爱更加泛滥的年代，单身其实也是一件很奢侈的事——我不担心相见恨晚，好听的歌不怕老，值得的人无论多久我都愿意等。

其实，单身是一种与自己的等价交换，你用独自吃饭、睡觉、逛街、生病了一个人打吊瓶的代价，换来你可以一觉睡到自然醒，以及说走就走的逍遥自在。

而婚姻却是与另一个人的等价交换，你用忍受老公犯懒、孩子哭闹、老人要照顾、一地鸡毛蒜皮的成本，得到围城里的相互扶助照顾，遮风挡雨。

在这个世界，孤单永远与自由并存，依赖也永远与束缚同在。

我们总是挣扎在爱与自由之间，爱让我们亲密，自由让我们保持距离。但事实却是鱼与熊掌不可兼得——不懂享受自由的人，也难以得到爱的眷顾；不能接受孤独的人，也享受不了亲密的关系。

爱情不是最后的救赎，婚姻也不是唯一的依靠，它们都解决不了所有的茫然和空虚，也改变不了一个人自身的麻木和无趣。原因很简单——如果学不会独处，你将永远是自己的陌生人。

其实说到底，安全感首先是自己给的，只有不断完善自己，做好自己，我们才有足够的信心，去接受生命里所有人的所有改变。毕竟，世界上最可靠的人，就是更好的自己，而你能在这个世界生活得相对自由的前提，就是你能够拥有自己应对生活的力量。

这种力量你无法从别人身上获取，你只能求助于你自己。

亦舒曾经说过一句话：年轻时我们忙着寻找归宿，老了才发现，自己才是唯一的归宿。

这世上有这样的一类人，嫁给谁、娶了谁都会过得蛮好。他们会把对生活的要求和期待寄托在自身，而非赌在对方身上。做自己喜欢的事，有自己真正热爱的东西，不纠缠，不依赖。

毕竟，别人能给你的，大多不是真正长久的，谁也不能预见明天会发生些什么，而自己内心生长出来的快乐，才是一辈子的。

I say...

真想成为他最喜欢见到，
和最不舍得说再见的那个人。

You say...

不懂珍惜有无数种，其中最难察觉的一种就是，
常为了随意看你一眼的人而活，
却忽略了那些真正注视着你的目光。

他不肯将就，你又何必执着？有一天，你会多么庆
幸，因为自己不再是那个只以他为轴心的人了。

若非棋逢对手，
何来心满意足

人生的际遇有时候真的很奇怪。

有的人，一心一意地默默追求了你两年，给你他所能给的全部关心，而你无论多么感动，还是没有选择和他在一起。

有的人，把你当作备胎，他高冷，甚至不屑，而你却偏偏爱得死去活来。

然而，也许莫名就有一个人，只是认识了一个月，见了几次面，说了几句话，你们就决定在一起了。如果说得再夸张一点，其实很多时候，当一个人第一次出现在你面前的时候就已经注定结果了。

当你对一个人很有感觉的时候，他的粗心大意、他的生气任性、他的缺点也都是可爱；而当你不喜欢一个人的时候，他说话是错，不说话也是错，甚至连呼吸都是错。

这些反应都是人之常情，勉强不来。毕竟爱情这件事，谁都想找一个和自己投契的人过招，若非棋逢对手，何来心满意足？

对于爱情，我们每个人最初期待的大概就是那种自己看一眼就已经知道——嗯，是这个人，没错了。可是，爱神丘比特除了背上的那副神箭之外，或许还有一座天平，对于每个人的爱的供给都是平等的。比如，所有人的爱情配额都是 100 分，有些人极其幸运，一辈子遇到一个人，谈了一次恋爱，然后就结婚了，生活美满。

可是也会有另外一些人，在找寻另一半的路上坎坎坷坷，每次恋爱都会有损耗，或者 50 分，或者 20 分，到最后，自己爱的配额越来越少，就越来越缺乏相爱和去爱的能力了。

换一个更生活化一点儿的说法吧。

你平时不爱吃馄饨，但那天真的很饿，沿路碰到一个馄饨摊，你毫不犹豫地吃了，但其实下一个拐角就有你最爱吃的小笼包，可是你已经没有胃口和食欲再去吃了。

而你吃掉了馄饨摊的最后一份馄饨，可能有人就爱吃馄饨，结果偏偏没有吃到，他只好往前走走，去吃他并不爱吃的小笼包。

你看，这世上的事总是阴差阳错，相差甚至只是毫厘。有时候，一些的煎熬和等待，其实都是为了不随意浪费了自己手里100分的配额，那是为了更好的结局。

所以，如果可以，就别凑合。

爱情这件事，太渴望的人就容易觉得那是雪中送炭，可实际呢？我更希望那是锦上添花，就像是悠闲自在的午后，阳光正好的路口转角，不期而遇地与烤蛋糕诱人的味道撞了个满怀。

人在最年轻的时候，应该和最喜欢的人恋爱，和最势均力敌的人在一起——记住，是精神上的。至于未来会怎样，总要用力走下去才知道，如果喜欢的人最后变成了最舒服的人，多好。

愿你不必为了迁就谁、取悦谁而勉强改变自己，愿你爱的人也正好爱着你。

愿有这样一个地方，那里会给你熟悉和想念的味道，当你觉得孤独了、累了，它永远亮着温暖的灯光代替全世界温柔地爱你。

I say...

我独自做过很多事情，
一个人吃饭，一个人旅行，一个人看话剧。
但最让我感觉孤独的是，我一个人默默爱着另一个人。

You say...

有时候就是因为顾虑太多，
不敢伸手又不敢张口，
也就注定了不能牵手，不能拥有。

或许，你我终将行踪不明，但至少你应该知道，
我曾为你动情。

谢谢，我不将就

"他今天主动和我说话了！会不会有一点儿喜欢我？"

"他刚刚对我笑了！会不会有一点儿喜欢我？"

"他好像在看我！会不会有一点儿喜欢我？"

很多人就是这样，总是硬生生地把暗恋打成一场没有硝烟的持久战，从眼里到心上，战线被拉得无限长。最后，战场上只有一个伤员，那就是自己，同时，你还要扮演战地医生的角色，学会自愈。

明明知道是没有结果的暗恋，为什么我们却总是放不下？

因为我们总在幻想："他有可能会喜欢我。"

可是，若是真的喜欢，一个眼神或许就足以促成了一切的化学反应。大多数的情况，都是我们自己不愿意承认"其实他没那么喜欢我"。再多的不甘心也换不来爱情，何苦非要给自己找一万个理由来自怨自艾？

简单地说，性情这种东西是人天生的，难以改变的，你就是无法把自己彻底变成另外一个人让他喜欢。他无法爱上你，仅仅因为你就是你，根本就不是他所喜欢的那一种。

即使愿意承认"他现在不喜欢我"，但还是幻想"等我变得更好了，他就会喜欢我"。

你幻想着，有一天你变美变瘦了，也许他就会喜欢你了。姑且不说真正做到改变自己有多难，即使你真的变美变瘦了，他可能依然只是把你当成普通朋友，只不过是更漂亮一点儿的普通朋友而已。

你幻想着，有一天你变优秀了，也许他就会喜欢你了。可是，凭什么你多么优秀和他会不会爱你之间就一定有必然的联系？

爱情这件事，没感觉就是没感觉，如果面对一个自己实在无感的人，你心里的潜台词难道不是"谢谢，我不想将就"吗？

他不喜欢你，你故意收拾得漂漂亮亮地出现在他身边是没用的，你精挑细选送他的巧克力是不那么好吃的，你鼓起勇气发的"最近在忙什么""在哪里呢"，在他眼里跟垃圾短信的性质是一样的，你在微信里更新的小心思他是看不懂的，哪怕你发烧、生病，他的心也只会不痛不痒。

他是你的生活背景，而你只是他的甲乙丙丁。在他眼里，你们之间最适合的距离大概就是——"呵呵""哦""嗯"。

爱你的人，生怕给你的不够；不爱你的人，就怕你误会太多。

好的爱情，永远是两个人的努力，而不是一个人的委屈求全，因为最适合你的人，是不需要奔跑着去追赶，拼了命去靠近的。世界上也没有任何形式的定律，规定你只要拼命对一个人好，那人就该反过来拼命爱你。

所以，不可能爱你的人，请把他尘封在记忆里。你还是要努力变好，但不是为了讨好不爱你的人，只是为了遇到更好的自己和更好的人。

有时候，果断地放弃，总好过那些日复一日无谓的自我缠斗。

或许有一天你会发现，从前的那个人其实也没有想象中那么好，就好像饥肠辘辘时你打开冰箱，刚好有一盒最爱的罐头，可拿起来一看却发现已经过期了，不能吃了。尽管很喜欢，现在也不愿将就了。

我希望，你的爱情只和最真实的你有关。你要做的，不是踮着脚，战战兢兢地张望和克制，也不是拿塔罗牌预测未来，而是安心地把手头的每一件事做好，从细枝末节里淘到温暖和快乐。

　　人难免会陷入踟蹰，一直急着寻找归宿，却忘了去体味生活本身的快乐。后来，当你终于可以调整好呼吸，不急不躁、不哭不闹地专注于当下时，你才可能挖掘到生活本身的乐趣。

　　愿有人怜惜你最乏累的样子，愿你得到的爱不是将就的，愿爱你的人是被你深深吸引的，愿你的爱情是出于最简单的真心。

B

抱歉，
我不一样

○　○　○

人生可以有很多不一样的打开方式，

看的很不一样，想的很不一样，做的很不一样。

世界并非千篇一律，

也无须隆重喧哗，

每一种节奏都很美妙，

每一秒体验都值得保留到老。

I say...

"刚刚好"绝对是最难把握的尺度，
要既不冲动也不懦弱，
既不执拗也不轻率，不卑不亢，太难。

You say...

其实年轻气盛也好，刚愎自用也罢，
都并没什么要紧，
只要你把它留在它该有的年纪。

人啊，只有内心丰富，才能摆脱生活表面的相似。

你的善良必须有点儿锋芒

看着《哆啦 A 梦》长大的人，忽然间被一句话戳中了内心：生活永远比动画片残忍一百倍，它在你身边安排了无数个喜欢欺负你的胖虎，和无数个喜欢嘲笑你的强夫，还有一个你永远都追不上的静香，却从来没想过要送你一只真正的哆啦 A 梦。

仔细想想看，还真的是很有画面感吧。

起初，我们总觉得自己年纪还小，还想趁着尚且能心安理得的时候，再贪婪地享受所有的幼稚。后来你惊讶地发现，自己必须看得清糖衣里的炮弹，读得出微笑背后的心机，也要懂得应付和面对好多自己不曾想过要面对的事。

人越长大就越来越知道，这世界根本不是你所想象的那样单纯，防身的刀甚至要一直攥在身后，不敢离手。这时候，我们终于正视和承认了成长这回事。

是啊，人生这堂课，从来都没有那么轻易，世上也没有任何一个人是可以一成不变的。

人，常常是在十几岁的年纪懵懵懂懂，却又年轻气盛，不切实际。后来，二十几岁的时候，尽管会的很少，但野心太大，难免浮躁，也容易刚愎自用。再后来，开始学会了付出，也慢慢学会了必要的妥协。

无论年轻还是年老，最怕的就是你内心空白，畏首畏尾，却又一脸的世故。

无论在怎样的年纪，愿你能始终保持最初那颗勇敢、善良的心。

愿你不喜与他人争强斗狠，但是，该努力争取的也绝不退让。无论什么时候，你都需要给自己一个明确的底线，因为很多时候有些人他会一点一点消磨你的底线，当你没有底线的时候，就代表你完全被别人控制。

你要知道，善良的确是无比珍贵的东西，但如果善良没有长出牙齿来，那就是软弱。过度友善，其实就是另一种自卑。

生活嘛，难免总有点儿欺软怕硬，一个完全不懂拒绝又提不出任何建设性意见的人，也不可能赢得真正的尊重。

当你为了讨好全世界而失去自己，就好像你在电影院里只顾着吃爆米花、喝可乐，别人享受了一场好电影，而你却连掌声都不配给。

如果用爱默生的话说——"你的善良必须有点儿锋芒，不然，就等于零"。

其实，绝大部分人的生活并不会过得怎样隆重和盛大，我们也都并不需要成为别人嘴里的那个谁谁谁，唯愿能够在摩肩接踵的人群里，不会因为平凡而感到心慌和卑微，心里充满底气——这个世界上不会再有第二个我了。

所以，请接受你现在的样子，同时，更请完善你现在的样子——运动健身可以让你更有气质，读书可以带你看见更大的世界，学一点儿具有时尚元素的穿搭让你每天都会产生不同的期待和变化。一点一点，让自己配得起更加美好的生活。

人，越是怕这怕那，越是在乎别人的看法，就越是会忽略自己的感受，最后，一步步将真实的自我囚禁在深不见底的黑暗里。

丢失自我一定是你找不到快乐和幸福的根源，愿你不会。

I say...

有时候站在路边看着人来人往,
会觉得城市比沙漠还要荒凉。

You say...

生活啊,
你自己把它过成黑白,
又怎么会见得到彩虹?

人生里最严重的虚掷光阴,就是过着没有开怀大笑
的日子,浑浑噩噩。

抱歉，我不一样

据说，在年长的人眼里，现在很多的年轻人最可怕的问题就是：

明明已经是二十几岁了，却觉得自己还是十八岁，逃避长大；

明明内心就真的是空白，没什么主见和想法，却矫情地对外一再呼喊自己还是青春美少女——不管不管，反正我就是要有颗少女心；

明明是自己没有担当，不肯努力也不肯付出，却老认为自己怀才不遇，遇人不淑；

明明是该奋斗、该打拼的年纪，却常常把"平平淡淡""岁月静好"挂在嘴边。

试想一下，这样的人如果一直继续着这样的生活方式，基本上等同于一种"自我扼杀"吧。因为无论过了多少年，结果大概还是会和现在一样——在平凡和碌碌无为中羡慕乃至眼红别人，然后，日复一日地继续着自己平凡的一生。

然而，有些人却不一样。

就比如，你最近新认识了这样一个女生，她爱笑、阳光、乐观，你本以为她或许是在那种养尊处优的环境下长大的天真可爱的小女生，"少年不识愁滋味"的那种。

可是真的一路相处下来你才慢慢知道，在少女心的背后，她原来曾经经历过在大学转系不成、考研失败、求职不顺，她甚至经历过最好朋友的忽然离世。

她曾经背井离乡在极其陌生的城市里迷路过，她曾经在每天最早一班的公交车上，见过了这个城市每天从沉寂中渐渐苏醒的样子，她也曾经在重感冒的大雪夜里只能自己去医院挂号交费打点滴，甚至还差一点儿因为迷迷糊糊睡着耽误了呼叫护士拔针……

如今呢？

当她一个人度过这一切、扛下这所有之后，她却始终都没有成为那种整天矫情地说着所谓的"孤独""迷茫""不幸运"和"边缘感"的人，她触摸着日子里的琐碎，她依然最爱穿干净清爽的白衬衫、牛仔裤还有很好看的流苏小短靴，脚踏实地、用心地过着热气腾腾的生活。

她给人的感觉永远都是那样元气满满，而她这份保持和沉淀下来的纯净、坦荡和不世故，竟显得如此可贵。

是啊，她有少女心，但绝不幼稚；她内心温柔，却又充满力量。面对这样的她，你会真的相信她的未来是温暖的、美好的，更是充满希望的，在她面前的是等待她去征服的山河大海，而在她脚下正在开辟着一条自己真正喜欢的路。

所以，醒一醒吧。

曾经看到有一本书里写过这样一句："每个人的一生，都还是有着决定性的界线，在过了那条界线之后，即使你还是睁着孩子的眼睛，你看到的也已经不再只是孩子眼中的世界了。只有忍耐过一种只有自己能让自己解脱的遭遇，成长的计时器才真正开始启动。"

当时间渐渐带走了年少轻狂，也慢慢积淀着得失成败之后的眼界和气度，那时候的你才有资格扪心自问：和世界交手的这许多年，我是否光彩依旧，兴致盎然？

I say...

这个世界有时候很奇怪，
最难入口的滋味不一定是苦，
糖纸里包着的也未必就是糖。

You say...

人的成长并非一夜之间，
但或迟或早总会到来，无人幸免。

知道自己要去哪里的人，就会走得比较快。

该长大的时候，
那就长大吧

中午在外面解决一餐，两个穿着白衣黑裙学生制服的高中女生就坐在我的听力范围内，我听见她们在闲聊。

"哎，那他知道你吗？"

"当然知道啦。"

"可是我真觉得他一点儿也不酷啊。"

"可是他多有才华啊！"

……

当时心里不由得暗自慨叹一下，恍恍惚惚在想，那个可以和同学、闺蜜叽叽喳喳讨论隔壁班的某个男生如何如何，讨论哪堂课、哪位老师、哪道题如何如何的年纪，果然是再也回不去了。

这两年，电影院里的青春片依旧还在热映，微博、朋友圈无意间就会被刷屏，至于其中的具体内容，有这样一句话我尤其喜欢：

"我希望有一天在电影院里看到的，不是任性冲动式的胡作非为，不是青春时期狗血遍地，成年后蝇营狗苟的剧情，而是主人公努力补齐缺憾，跟往事和解，最终成长为一个勇敢又柔软的大人。"

不说"疼痛"，不说"伤痕"，没有这样年轻、矫情又飘浮的词语，就只是点点头，笑一笑，说：该长大的时候，那就长大吧。

你可以将成长理解为一笔交易，因为我们都是用朴素的童真与未经人事的洁白，去交换长大的勇气、成熟的情感与广阔的视野……或者，其他认为值得的东西。

在这个世界里，大部分人的生活都没有被打上柔光，多少热情被稀释，多少勇敢被冲淡，多少在一起变成了曲终人散。

最后呢，你的生活真的就该因为这些经历而变得无比糟糕吗？

商场里那件不买会死的衣服，买回家穿上两次以后，发现不过就只是一件衣服而已；生命里那个曾经相知甚笃的友人，甚至于那个曾经信誓旦旦说过不会离开的恋人，最后或许已经不知去向。只不过，正是他们让你真的知道了，当经历这些之后现在依然还留在你生活里的，才是你最应该珍视的人。

人生啊，无奈、分开乃至失败，永远都是每个人的必修课，而你只有经历过这些，才能真正读懂成长的意义，否则，你要拿什么成熟，拿什么走好今后长长的路？

世界有时候会带着那么一点儿不怀好意，让人遍体鳞伤，痛到咬牙切齿，但这又如何？毕竟，从伤口里长出的也可以是翅膀。

每个人都是孤独的行者，在行走的过程中慢慢变得坚强。当你看惯了失望却仍保持着对生活的热爱，不卑不亢，坦然前行，不辜负一切的过程，这才是对自己真正的善待。

I say...

生活越来越像黑色幽默，
不让你懂的时候你偏想懂，
等到你开始懂的时候却又想什么都不懂。

You say...

把语言变精练，把目标往上提，
把故事往心里收一收，
你现在想要的，以后都会有。

人生的盛宴已经摆在我们面前，现在唯一的问题是
我们的胃口怎么样。

你不能一辈子都是新手

亲戚家的孩子找工作很不顺利，他的上一份工作因为在入职后连续三个月的考核都不合格，被劝退。

家长和别人抱怨说，现在的公司怎么都这么不人性化，对新人一点儿也不包容，他们都还只是二十来岁的孩子而已，怎么就不能多给一些机会呢？

而我想说的是，姑且不论公司的制度合理与否，至少，家长的逻辑肯定是存在问题的。

如果是新人，在完不成任务或者出现状况的时候，常常习惯性地脱口而出："抱歉，我是新来的""抱歉，我没经验"。

对，你是新来的，可那又怎样？

从某种程度上说，新手的存在是合理的，更是被允许的，新手需要有人手把手去教，也会有人帮忙解决问题，规避低级错误，哪怕真的出了纰漏甚至也有人会一起承担后果，收拾残局。但是，你不能一直都是新手还理直气壮。

的确，从战战兢兢到胸有成竹肯定需要一个过程，但凡事总归是有底线的。你的报告、设计和图纸里不能总是缺这少那，开车不能总是倒不进车位，做饭不能总是烧焦，护士扎针也不能一直扎不到血管。

"新手"和"经验不足"这类借口都是有它的时效性的，过了一定的期限你就必须把这个挡箭牌交出来，不能再犯无谓的错误。在职场里、社会上，根本就没有所谓的"刚刚二十出头的孩子"这个头衔，那充其量只能是父母心里面的概念。

谁都不能永远都赖在"新手"这个相对安全的区域里，没有人会一直教你蹒跚学步，你也不能一直在原地打转儿。任何领域都是一样，没有人会不计任何的时间成本、物质成本、纠错成本，一次次给你机会去锻炼，无限期地等你进入角色。没有人会愿意，更没人有义务，一而再再而三地为"你是新来的"埋单。

所谓"可怜之人必有可恨之处"，这句话总是有道理的——难道你弱你有理？

至于"怀才不遇"这件事，或者你更该相信，那其实只是"怀才不够"而已。如果你想要赢得欣赏、尊重以及肯定，抱歉，请用成绩说话。

所以，永远不要试图要求他人同情自己，你必须内心丰盛且坚强。

所以，将目光放得长远一点儿，好好努力，以最快的速度赶上节奏，做到专业、精准、高效，这才是根本。

你必须知道，在旁人眼里或许根本就没有"新手"，只有"菜鸟"。

我们始终要成长起来，而且只有一直往前走，好好进入"过来人"这个角色，其他的一切才会水到渠成。

I say...

人的心里像是住着一个小女孩，
有时候渴望暂时躲进角落，
因为她需要一点时间，重新找到自己在世界里的位置。

You say...

我喜欢自己，
而且，我要让这个理由
足以使我说出口的时候心安理得。

我一天比一天更好，愿你也一样。

无须讨好世界，
也不必勉强自己

朋友是个美剧迷，不止一次和我提到过，美剧《绯闻女孩》里，她最喜欢的人是Chuck。

这个原本纸醉金迷的花花公子，竟在爸爸去世后几乎一夜长大，在事业上奋发图强，终于长成了有为青年的样子。他有一句著名的台词是——"为什么我要做接待员呢？因为我是Chuck Bass。"

成熟，应该是真实自我的实现，是独立个性的构建，是内在诉求的丰收，是保持愉悦的能力。

成熟，就是你不再是谁的谁，而是你开始知道你是谁，你要成为谁。毕竟，每个人存在的意义就是我们只能是自己。

台湾小说《袋鼠族物语》里，是这样描述在生过孩子后，便从此以孩子为生活重心的妈妈们的。

她们连计价的货币单位都和我们不一样，她们常以一瓶养乐多、一桶乐高玩具、一打婴儿配方奶粉，来代表我们所使用的两块钱、一百块钱和她先生十分之一的薪水。

　　她们在语言沟通上逐渐丧失能力。因为，三四年来，大多时候一天二十四小时，她们的会话内容都是"宝宝呀，要不要喝奶奶？""谢小毛，你怎么又便便在尿布里了"。她们的词汇早已退化到"汪汪""果果"，常常一星期里她说过的大人话，仅仅是跟收水费的说："水管是不是漏了，怎么可能那么多钱？"

　　当然，这不会是每一个女孩子的最终命运。

　　"女孩子学历太高了嫁不出去""女孩子不需要太有野心""女孩子的人生意义就在于经营一个幸福的家庭"……

　　像这些论调我统统都不会信。别人的看法和评价那都是别人的，我的人生终究还是要按照我自己的意愿来活，没人可以替我决定。

　　所以，多想一想张小娴所说的那句——"我的天空你不理解，那又有什么关系呢，你又不是陪我共度余生的那个人。"

　　对，我是女孩子，那又如何呢？

作为一个女孩子，我希望能痛痛快快地花自己努力赚来的钱；希望自己的能力和才华被别人认可、受别人尊重；希望自己想要的未来能够靠自己的努力来创造；希望嫁人是因为爱情，而不是把自己的命运寄托在另一半有多好多好的运气上。

希望将来有一天，哪怕白发苍苍，我依然能对自己的孩子说：十八岁的时候我跟你一样希望追赶流行和所谓的时尚，但五十岁我开始热爱俗气的一切。你觉得是我老了吗？不，我只是一如既往地热爱十八岁时喜欢上的东西。

瞧，多酷!

人性一个最特别、最奇怪的弱点，就是太在意别人如何看待自己，而这世界上最善变也最和你无关的一种东西，就是别人的眼光。

所以，这一程，希望你我都活得烈马青葱，不为他人的目光所累。

I say...

人们都口口声声地说在寻找自己的梦想，
但有时候却惊讶地发现，
梦想已然渐行渐远。

You say...

其实，梦想还在那里，
逃跑的是我们自己。

人生有时候可以稍微放肆一点儿，你可以偶尔任性，
可以无理取闹，可以发发脾气，但，别挥霍——别
挥霍那个还可以为了梦想奋不顾身的年纪。

过好你余生最年轻的一天

　　二十几岁的年纪谁都难免有过浮躁，因为想要的东西太多太多，不想做小事，只想做大事；不想做手边的事，只想做天边的事；不想做烦琐的事，只想做隆重的事。但是不管怎样，关于"成熟"这门必修课，你终究还是要亲自修完。

　　不抱怨。
　　要提升气质可以有很多种方法，而停止抱怨绝对是其中之一。

　　其实，今天的每一步都是在为之前的每一次选择埋单，这也叫担当。今天的每一步也都是为今后的每一点成功布局，这也叫积淀。自己对自己的人生负责，谁都没什么好抱怨的。

　　一个人经历越多真实与虚假的东西以后，反而没有那么多的牢骚，只是越来越沉默，越来越不想说。挫折经历得太少，才会觉得鸡毛蒜皮都是烦恼。

不世故。

小孩子掉眼泪多因为得不到，大人掉眼泪多因为失去了；如果小孩子得不到而没有掉眼泪说明长大了，如果大人失去了而没有掉眼泪说明成熟了。

而这世上最善良的成熟，就是知世故而不世故——生活中不伪装逢迎，爱情里不过度依赖，倾听时不着急辩解，说话时不挑衅冒犯。

不拖延。

世事无常，下一秒会发生什么事没有人知道，什么时候会离开这个世界也无法去预测，难道真的要到生命的最后一秒，才来后悔之前的拖延和懒散吗？

现在你过的每一天，都是余生当中最年轻的一天，也都值得你好好把握，别在怀念过去或者憧憬未来中，浪费掉你现在的生活。

活在当下，不要让自己麻木得太快，又明白得太晚。

珍惜当下。

生活给你百般好处使你春风得意固然很棒，生活给你荆棘险路，使你纠结烦恼痛哭流涕也并不可怕，相反，若再无欣喜若狂，再无难过悲伤，生命变得如此寡淡和不值一提，那才是最可怕的。

这世界上没有谁可以永远停留在那个天真无忧的少男少女时代，没人能拥有长不大的借口，而你迟早要自己理清楚，该继续保有的纯真和该放下的幼稚之间的区别。

规避问题和逃避痛苦的趋向，是人类心理疾病的根源，不及时处理，你就会为此付出沉重的代价，承受更大的痛苦。心智成熟不可能一蹴而就，它是一个艰苦的旅程。

后来，当你成长了、努力了、成熟了以后，那些你想要的、该得到的，自然也就跟着来了。

那时候的你会发现，你仍然是你，不同的是你已经不再是两手空空。这种额外的价值来自于你的存在感，以及面对未来一切的未知你都有向前走下去的勇气和底气，这远比任何的褒奖都更有意义。

I say...

或多或少，
我们好像都渐渐活成了自己当初曾不屑的样子，
这会不会很讽刺？

You say...

有些事情其实是改变不了的，
没趣味的人一直没趣味，
有热情的人从未减退半分，希望你是后者。

我们的世界人潮拥挤，丢了谁都是合情合理，
但是，就是别丢了那一颗干净通透的初心。

不忘初心

　　都说人生不如意事十之八九，被老板吼，被客户刁难，被小偷摸走证件，被无良商家哄骗消费，被相恋很久的爱人轻描淡写地提出"我们还是分手吧"……

　　经历过之后，生活似乎变得千疮百孔，乃至不堪重负了。于是，脑子里闪过这样一种声音——不行，我一定要找个契机重新开始，调整状态，逃离过去。

　　不如去旅行吧，不如换个工作吧，换个环境，也许内心的一切困顿就可以解答吧。

　　可是，真的奏效了吗？

　　这世上从来就没有一点就通的醍醐灌顶，只有不断摸索的柳暗花明。没有任何一段旅程有义务去拯救你的人生，也没有任何一种遭遇能够让你立刻脱胎换骨。

　　这就像是闹钟，它的使命只是释放声音，但对于人本身能不能够因此而醒过来这件事，没有任何的责任。

所以，不要把对未来的期望统统押在环境如何如何改变这件事上，也永远不要指望通过任何辅助事物来让你变得更好，当你不再试图通过一个"转折性时间节点"来拯救自己生活的时候，也许生活才会复原。

因为，旅行、爱情、物质，这些都只是外因和外力，如果想真正有所改变，前提一定是建立在内心的独立和真实之上。

往宏大里说，看着宇宙万物，你会觉得身边琐事渺小，红尘俗世都是自寻烦恼。

往琐碎里说，你空虚，就会专门去挑别人的缺点来对比自己的优点从而找到优越感；你小气，就会希望其他人处处不如意，处处比不上你，这样才能找到安慰；你善良，就会觉得这个世界上还是好人多；你羡慕，就会想着努力改变自己，想成为跟对方一样优秀的人。

其实，人生哪有什么救心丸、救命稻草，能够真正改变你生活的，唯有你自己的内心。内心不强大，任你走出多远，去多少地方，换多少工作，大概也都是徒劳。

我们许多人都是一样，人越长大，这个世界就会让你觉得越来越喧嚣，而我们手里干干净净的初衷也会越来越少。而那些能踏踏实实往前行走着的人，一定既有着抵达远方的梦想和勇气，也未曾弄丢内心的温暖和力量。

　　事实上，正是这个没有被忽视的自我和初心，能够在你走到了很远很远的地方之后，帮你拾回那个离真实很近的自己，你才能够真正活得通透和轻松。

　　人生这一路就是几十年的光景，如何生活，无非也都只是这一生而已。

　　恰恰如此，我更希望你能过好这一生，过得尽兴，不忘初心。

I say...

生活是一个等待着鲜花的花瓶，
如何能将它装扮得好看，
真的是一门太大的学问。

You say...

最幸福的人生不一定拥有最好的东西，
但却一定物尽其用。就这么简单。

你永远都不会知道自己在别人的嘴里有多少个版
本，所以，别让自己活在别人的眼光和评价体系当
中，那是最经受不起考验的人生。

别一辈子活在羡慕里

年纪轻轻的时候，难免谁都想要过任性的生活，有颜有钱有自由。

早上穿着精致套装出门，开着好车上班，办公室吹冷气，下午五点下班，约好人吃一顿美妙的大餐，然后看一场电影。

周末你睡到自然醒，然后健身，去听一场音乐会，或看一场歌剧，或穿着小礼服参加朋友的派对，品着红酒，侃侃而谈。

想旅行就去旅行，想出国就出国，想买什么不在乎价签上的数字，只在乎自己喜不喜欢。永远不会为了银行卡上的数字而忧心忡忡，永远也没有捉襟见肘的时候。

可你必须知道，人不管想得多美都可以，更没什么不对，这世界上也一定有人在过着你所期待和羡慕的生活。但是，随着年龄渐长，人总得慢慢成熟，你会一天比一天更加知道，曾经的那些心愿就像是花朵，美则美矣，而你终究需要开始用双手来掂量生活，所以更看重果实而非花朵。

所以，心愿仍然会有，只不过，更加成熟的人已经渐渐懂得，一切心愿存在的意义就在于你如何将它们兑换成生活里一点一滴的热忱与底气。

也许，当下的你还无法去某个印度洋的小岛上吹吹海风，但在街角的花店买些花送给自己总可以吧？

也许，当下的你还无法从自己的取景框里看看南极浮冰那一抹最美的冰川蓝，但去游乐场坐一圈摩天轮，享受下城市寂静的夜景总可以吧？

也许，当下的你还无法去土耳其的伊斯坦布尔，在升空的热气球上目睹一场美得无与伦比的日出，但买套咖啡杯具，亲手试试手冲咖啡总可以吧？

就算在你眼中所有关于旅行、度假，去更遥远地方的可能性都太过于奢侈和遥远，至少，为自己拟定一份小小的生活计划总可以吧？

将来有一天，如果你真的得到了一家梦寐以求的大公司的面试机会，说不定你的人力资源面试官会问问你："你觉得近期最让自己自豪的一件事是什么？"

你可以搜肠刮肚都说不出一个来，但也许就有人会说，他正准备参加今年的一场半程马拉松比赛，平时一直在坚持进行着训练和准备。在训练的过程中他也想过要放弃，反正也没人知道这样的想法，但是他一直在坚持。而且就在上周，他第一次尝试着完成半程马拉松的规定距离——21.1公里，结果，他成功了。

人生是一个过程，该做的不做，想做的还不做，就等于白活。

在不同的人生阶段，每个人都要去做很多不同的事情，因为过了那个时期，很多事儿你就真的不会做了。最怕的就是自己在年轻时候犯懒，到老了又后悔，然后，一辈子活在羡慕里。

人生一世，都不是为了喜欢谁、被谁喜欢，而是为了自己能够尽兴。

I say...

不知从什么时候开始，
我们学会了在人群中戴上面具，
在啤酒和沉默之中藏起自己的心事。

You say...

生活或许是个需要你拼演技的地方，
只不过，
成也演技，败也演技。

人活着总要有所依赖，丢了自己，才会依赖别人。

假如你什么都不怕

　　人常常都会走入一些相似的误区，那就是会本能地以自我为中心，但又同时试图成为他人的中心。就比如我们天天都在刷的朋友圈，朋友圈的形成貌似基于自己有了越来越多的朋友，然而，真实情况可能恰恰相反。

　　的确，现在人们可以在各种社交网络上看到来自所谓好友的更多、更丰富的内容，但与此同时，你的一切也被稀释、被碎片化了。

　　所谓说者无心听者有意，别人随随便便一句话，你都要想东想西，琢磨来琢磨去，什么事情都往坏的方向去想，什么事都对号入座。

　　或者，你发了一条状态，内容是关于"生病""失眠""心情差"，或者关于"情场不顺""职场受挫"，传达出需要安慰和关心的信号。结果呢？你晒着自己的各种伤感各种惨，然而果不其然，你就真的被晾在了那里，风干了忧伤。在一些敷衍的安慰里，你期待的雪中送炭也变成了雪上加霜。

其实，人生当中的很多事你自己知道就好，你想倾诉，但人心似海，哪里来的那么多感同身受？

人生里的坎坷不平，一半是生活挖的坑，还有一半是被自己的棱角刺出的洞。我们行走的路之所以那么艰难，往往不是欠缺努力，而是浑身长满了我们自己喜欢，可生活却不喜欢的刺。

于是，你渐渐发觉现实是如此残酷无情，你开始焦虑不安，而焦虑的后果便是如同无头苍蝇般每天都不停歇；你迫切想找到出口，但依旧一点儿头绪都没有；你想有人分担，但结果却总是失望。

然而，所有人都会经历到这些，而且，打败焦虑最好的方式不是放大它，而是面对它，别让自己变成玻璃心。

如果仔细想一想，每个人、每个年龄都有各自相匹配的烦恼和难题，无一例外。每个年龄的烦恼都会在那个年龄的地方，安安静静地等着你，从不缺席。

其实，做人想要快乐，就不要捧着一颗玻璃心，不要别人一条信息没回就觉得自己做错了什么，不要被人回一个"哦"，就觉得对方是不在乎你了。

何必要这么为难自己?

玻璃心、敏感、想太多，这些只会让人变得极度被动，极易缺乏安全感和过分自卑，而最后伤到的也都会是自己。所以，不要轻易否定了自己。豁达一些，这不仅仅是对别人，更是对自己，一切社会交往最终极的意义也一定是回归真正的自我。

人生很像一列火车，而你根本没必要在每个站点都停下来，并且反复咀嚼自己那些悲伤、敏感的小情绪。要知道，人生的考验以及磨难可以是一个紧挨着一个，如果对于一点点轻微的伤害都过于敏感，迟早吃不消。

只要内心不乱，外界就很难改变你什么，有一天，当你不再迫不及待地将自己的一切昭告天下，不再巴望着别人来施舍关心和安全感，而是把注意力集中在自我上时，你才会真的什么都不怕。

光阴早就把最美妙的东西加在了肯于修炼它的人身上，这个美妙的东西就是清淡，是安稳，是从容不迫，也是一颗最自然、最有力量的心。

I say...

真希望有个神奇的闹钟，
只要设个期限，
一切的难题就都过去了。

You say...

也许某个时刻、某个人、某件事就会
把你头脑中的一个"按钮"打开，
就是这一个转念，你悄然刷新了自己。

阳光之下，总有新事发生。生活不是定制，所以才
会有惊喜和奇迹存在着。

绝大多数人决定现在，
但少数派决定未来

每个人小学时代的作文本里，都会安安静静地躺着这样一篇作文，题目就叫《我的理想》。

其实，这个问题听起来更像"你长大以后想成为什么人"。医生、军人、老师、科学家、宇航员……大家的答案不太一样，但又似乎都差不多。

后来，真的长大了，真的开始思考如何活出自己的时候，绝大多数人却都大喊起了迷茫。

你肯定看过一部电影——《阿甘正传》，当别人问阿甘"你长大以后想成为什么人"的时候，你还记得阿甘是怎么说的吗？

他说："什么意思？长大以后，我就不能成为我自己了吗？"

一瞬间，你似乎被什么东西击中了内心。你愕然觉得，长久以来，自己好像是被什么人敷衍了，尤其可悲的是，你发现那个人原来就是你自己。

　　人生快不快乐，关键问题不是你单不单身，也不是你存款多少、房子多大、车多好——这些条件和东西只能起到一定的影响，而最根本的，还是我们活得有多像真正的自己，独一无二的自己，最想成为的自己。

　　遗憾的是，当你上上下下检视了自己一圈，你发现，自己其实和别人一样，领着差不多的薪水，过着差不多的日子，成了一个"差不多"的人。

　　什么是差不多的日子？

　　红糖、白糖、冰糖都一样，反正都是糖，差不多就行；

　　洗发水的牌子多少年都不换，反正区别的意义不大，差不多就行；

　　会做的菜永远都是那一两样，反正就只是一餐饭而已，差不多就行。

　　最终，你的差不多，结果就是差很多，无论是品位，还是见地。

　　生活有时候会很可怕，它的可怕之处在于，如果你真的仅仅只想做个差不多的人，那么"差不多"式的生活也会令你满足愉悦，可如果你内心万马奔腾，依然向往着更有趣的生活，却只能委曲求全地做着"差不多"的人，这样的你如何开心得起来？

结果就是，这种不开心会渐渐磨损你内心的棱角，慢慢失去对生活的敏感，沦为沉默的大多数。

其实，拒绝一些"差不多"，活得精致一点儿，也并没有想象中的那么复杂，它就像我们中学的时候做的几何习题，不管最终答案是什么，我们总需要好好探索一下别的更简单的解法。

生活最终的归宿虽然都是相似的，但至少我们应该多争取一些与众不同的、有趣的尝试，多获得一些另类也好、个性也罢的体验。

绝大多数人决定现在，但少数派决定未来。任何人的人生都只有一次，活得丰富精彩一点儿总没错。

I say...

站在世界的面前，每段转折都是渡口，
我拖着行李，却不知如何证明自己够勇敢。

You say...

当生活的浪潮退去之后，
裸露出来的是各种各样奇特惊险的深坑浅洞，
而你总要想尽办法——走过去，
在这片真实的世界里玩得尽兴。

懵懵懂懂的青春期之后，优美的成熟期开始渐渐逼
近，别慌，好好接招就好。

愿你活得尽兴，
而非庆幸

在葡萄牙罗卡角临海仁立的十字架下，碑石上用葡萄牙语刻写着一句名言——"陆止于此，海始于斯"。

你看，世界永远都没有一个尽头，陆地到那里就没有路了，可是海洋却从那里又开始了。

那，在路上的人呢？你一直走、一直走并不难，难的是你到底要在哪里停下来。

年轻的时候，总觉得生活在别处，生活就是在路上。好像最不能接受的就是此时此景此身，就是此时琐碎平凡的生活，此时的朝九晚五、柴米油盐。

这世界上有一种生活叫"别人家的生活"，我们总觉得别人的生活才多姿多彩，好像人生必须跌宕起伏，必须经历过一些荡气回肠的事情，才觉得自己在这个世界上算是没有白活。

难道真的是这样吗？柴米油盐的生活真的就不值得一过吗？

其实，每个人的生活都有瑕疵和漏洞，而那些看上去光鲜亮丽的生活，往往有着更大的瑕疵。

你羡慕他整天西装革履、名车名包名表，天南海北地出差，世界各地飞个遍。可是你不知道，他可能也想安安稳稳朝九晚五，把妻女家人都照顾得周周全全，不必忙到要在飞机和车上补觉，也不必在异地他乡毫无人间烟火气息的酒店房间里彻夜失眠。

鱼与熊掌，不可兼得。

那些看上去精彩耀眼的生活，往往像是一个外表包装得很好看的盒子，美则美矣，但是看看就好，千万别把它打开，很多表面上的美好其实经不起细看。

那么，经得起细看的生活是什么样呢，既能够朝九晚五，又能够浪迹天涯？

也许这个要求实在是太高了，基本上，你能把朝九晚五过出滋味来，不自我放弃，不臃肿懒散，就已经是很了不起的成就了。

我们往往会以自己的眼光和标准去评判别人。

"谁谁谁的生活有什么意思，不就是成天在家带孩子。"

"谁谁谁每天都做着同样的事情，不就是做了个公务员，朝九晚五。"

"我可不想变成家庭主妇，天天在家给老公孩子做饭洗衣服，今天做蛋糕，明天烤面包，有意思吗？"

我们都不可避免地会对别人庸常的生活评头论足，从别人住的房子到开的车子，然后把普普通通的生活定义为——没什么意思，甚至是很低端。

我们受不了这样所谓的平常日子，我们觉得这样的日子庸庸碌碌，这样的日子看上去太没品位了，一点儿都不惊天动地，甚至没有一点儿激动人心。

可是，我们终究该追求的到底是什么样的生活？

其实细想，无非就是父母健在，可以常去探望；有三五知心相交的老友，可以时常把酒言欢；有可心的工作，可实现自我价值；嫁一个好老公，有一个可爱的孩子，然后，给他们做一辈子的好饭好菜。

这看上去平淡无奇，甚至常常会被当成很没品位的生活，却最经得起推敲，经得起岁月在细水长流里慢慢品读。

朝九晚五之所以如此为人们所诟病，是因为我们看过了太多人一头扎进柴米油盐，再也没有琴棋书画诗酒茶，眼睛里再没光亮，毫无生机地过着日复一日、年复一年的生活，然后还一辈子活在羡慕里，也并未获得真正的平静与安心。

所以，没有很没品位的生活，只有很没品位的活法。

当然，我很贪心，既想要把朝九晚五的生活过得生机勃勃，也想要在浪迹天涯时，吾心安处即是家。

突然想起一句以前看过的电视剧里的台词——"贪心"的姑娘才能过得好。

愿我们既耐得住寂寞，也经得起流年；既能朝九晚五，又能浪迹天涯。

C

呵呵，
我不投降

○　○　○

野心，梦想，底气，

这些绝不该是说说而已的词。

而是你未来的全部依靠。

因为，

你如何努力，

未来便如何发生。

I say...

有时候会怕，
怕自己不够完美，怕自己还没准备好，
所以，我想等一等。

You say...

别说你还没准备好，
你永远都没有足够的办法和力量，
因为这世上
永远没有一件事是肯等你准备好了以后才发生的。

生活不是励志剧，做任何事情都是一样，如果没有足够的用心，即使努力到八分，你也许真的撑不下来。

心里带有火花的人，
才能被点燃

那天看到了一句极为有趣的评论，说"几年时间只拍一部电影，终于将一名演员硬生生熬成一个不但可以参赛，而且还能拿奖的内家拳高手，世界上估计也就只有王家卫能做到了"。

这个演员，名字叫作张震。

这让我忽然想到了一个问题——除了现在的工作，你还有没有第二种技能可以陶冶甚至养活自己？

很多人说，一点儿别的技能也没有，我甚至连自己喜欢什么都不知道。

大学还没有毕业的学生说，我竟然一点儿也不知道自己喜欢什么，每天除了上课，就是在宿舍看看美剧韩剧、刷刷微博、打打游戏，好像没有真正喜欢的事。

已经工作了的人会表示，除了上班，就是回家做饭、打扫打扫房子、看看电视，好像生活里也真的没什么惊喜。可想而知，如果以后真的结了婚、有了孩子，那就更不用说了。

蔡康永说过一句很经典的话——15 岁觉得游泳难，放弃游泳，到 18 岁遇到一个喜欢的人约你去游泳，你只好说"我不会耶"。18 岁觉得英文难，放弃英文，28 岁出现一个很棒但要求会英文的工作，你只好说"我不会耶"。

人生前期越嫌麻烦、越懒得学，后来就越可能错过让你动心的人和事，错过新的风景。

而你呢？

你不是觉得难，也不是没兴趣，其实你只是怕麻烦。从一开始就怕麻烦，连这种难得的机会都没给自己。不知不觉，怕麻烦帮你拒绝了所有你可能喜欢的事。

每天 5 个小时，如果你是用来看韩剧、聊天，几年后，你会变成生活的旁观者，你最擅长的就是如数家珍地说起别人的成功和失败，在自己身上找不到任何可说的东西。

说来说去，心里带有火花的人，才能被点燃。

我们不需要把"喜欢"像某些人一样做成专业，但最起码可以让自己更快乐。很多喜欢的事情，真的是从不怕麻烦开始的。

我们不需要把每一件喜欢的事情都做到极致，但是在这个浮躁的环境里，有一件喜欢的事情极为重要。你可以爱做饭，爱烘焙，爱摄影，爱养花花草草，不管爱什么，烦躁的时候，你能用这件自己喜欢的事情安抚自己就很好。

没有什么能比自己讨好自己更快乐了。所以，如果得了"怕麻烦"这种病，真的得治。

I say...

我们好像都有一种很奇怪的习惯，
不喜欢别人骗自己，却喜欢自己骗自己。

You say...

不要枕着理想自欺欺人地沉睡，
沉睡的人永远都找不到自己的方向。

别早早就想着平平淡淡才是真，人家的平平淡淡是
拼出来的、闯出来的，你的平平淡淡是懒癌，是
迟到早退，是害怕，是贪图安逸。

你正年少，
何必急着岁月静好

你在什么时候感到最无助，最惶恐，最不安，最患得患失？

失恋，找工作跌跌撞撞四处碰壁，刚刚毕业，成了两手空空的"月光族"，还是得知当年班里成绩和你差一大截的某个同学现在生活得比你有模有样？

你是不是心怀不甘，急着倔强地想证明些什么，结果却总是不停受挫；

你是不是有点疲惫，坚持着、执着着什么，却总是一再失败；

你是不是有点灰心，前面的路似乎没有方向，徒留你一人孤身奋战，单打独斗。

基本上，每个人的人生都会经历过这样一个阶段——既向往远方，又渴望安顿；既害怕改变，又不安于现状。正所谓"心比天高，手无寸铁"，没那么多精彩，却有那么多无奈，简直尴尬至极。

其实说到底，人生里你所遭遇的再多问题无非就是因为两个字——贪和懒。

因为贪，我们有过多不切实际的想法，稍不如意，各种嫉恨、负面情绪、负能量就伴随而来，整日低落消沉；因为懒，我们总是没准备好，总是慢人一步，总是优柔寡断，总是错过时机，总是不如意。

说得再真相一点，人最丑陋的姿态绝不是懦弱，也不是撅着屁股往上爬，而是——懒。

要知道，在你自甘平庸的时候，全世界都在车水马龙；在你说自己抑郁孤独的时候，你的前任、你讨厌的人还有原本就比你优秀的人都在忙着升职加薪，忙着做更大更新的计划、去更远更美的地方；在你沉湎于过去的时候，过去里的每一个人都没空等你。

如果说句恶毒的话，不要以为你的上司是全世界最残酷的，你的男友是全世界最普通、最差劲的，你的工作是全世界最累的，因为事实很可能是——更难的还在后面，更糟的你还没有遇见。

但这又如何？人生想要往前走，就会有很多的怪兽要你打，而且还要打赢，打得漂亮。否则，你拿什么过好这一生，拿什么不辜负自己？

在梦想面前，还是要做个不知足的人，人最可悲的状态无非就是既害怕这一生碌碌无为，还只能安慰自己说平凡才是可贵。

人这一辈子，一定会遭遇到一些事、一些人、一段生活，会让你饱受煎熬，这是上天为了成就你给你挖了一个陷阱，而你在里面的表现决定了你未来生活过得如何。

你冷静、理智，你积极、坚持，能够做到打碎牙往肚里吞，最后还能从陷阱里爬出来，离陷阱越来越远，你就赢了生活，赢了自己。可你要是爬不出去，那就是你的无底洞，万劫不复。

人啊，为自己积累了多少资本，就能过上多淡定的人生。

所以是时候了，不要任性，不要矫情，要对自己狠一点儿，你需要的是真正的改变。

I say...

运气这回事儿，
还真的是半点儿也不得你。

You say...

人与人之间、日子和日子之间相差的，
永远都不仅仅是运气，比你运气好的人，
一定也比你更努力，更踏实。

生活有很多种方式，既然选择了其中一种，那么，
就请你好好地去证明自己吧。

别对自己的渴望装聋作哑

你有没有过这种情况：

打开今天决定要看的书，看了两页，拍张照片，发了个朋友圈打了个卡，然后等待着点赞评论，再抽个时间回复评论。等待与渴望被关注的时间一点一点过去，直到该洗漱睡觉了你才发现，那本书一直就停在第二页上。

想学英语准备考试，看看时间还早，看会儿电视剧吧。这个电视剧怎么拍的，情节都对不上啊，太无聊了，还是玩会儿游戏吧。游戏玩得差不多了，一看时间，快半夜十二点了，算了，还是明天再学吧，反正也不差今天一天。

声称是在减肥中，却总是管不住自己的嘴，看到这家店要去尝一尝，看到那个好吃要买回来吃一吃，还不断地安慰自己，减肥也不差这一口，这一顿。

于是，你给自己找到了很多的借口，什么拖延症啊、懒癌啊、人生得意须尽欢啊，五花八门，各式各样，这些借口也都说得过去，还附带着勇于自嘲的幽默感。

然后呢？

然后，你一边会说着"唉，我也想改变啊""我好迷茫好无助""我好惆怅好无奈""我也不想这样的""我想做得更好，但就是找不到方向"，一边日复一日地重复。

再然后，你仍然在原地踏步，止步不前。

瞧，这世界从来不缺想法、不缺梦想也不缺计划，而是缺少行动。计划了很久要早起锻炼，在被窝里总可以找到理由放弃。梦想了很久未来要如何如何，在生活中却总是陷入斤斤计较、瞻前顾后，只剩下儿女情长。

其实，当人生到了一定阶段你就会懂得，这个世界上最深的孤独和辜负，就是你明明知道自己的渴望，却对之装聋作哑，可其实呢？

其实你心里明明就是知道的，什么迷茫无助，什么不知道路在何方，那都是自欺欺人，都是自制力不能发挥其作用时我们给自己所找的借口，仅此而已。

如果用罗伊·L.史密斯的话说："自制力宛若受到控制的火焰，正是它造就了天才。"如果你想要有所成就，就放下那些迷茫的借口，培养好你的自制力，你终将能收获你想要的。

　　这世上的大部分人，第一眼就看上的衣服往往你还买不起，第一眼就心动的人往往他不会喜欢你。你看，真正喜欢和想要的，没有一样是可以轻易得到的。

　　然而，你更要知道的是，世界不曾亏欠每一个努力的人，而这就是你要努力奋斗的理由。

I say...

很多东西不见了就真的没有了，
比如错过的末班车，比如过去的时光。

You say...

往人生的深处去，
一个人的时间和耐心终究会变成很奢侈的东西，
是遗憾还是心安理得，全凭自己。

别停步，给自己疲惫的生活找一个温柔的梦想，
这就是你始终要做的事。

暗暗发的誓，
都是亮闪闪的

照一照镜子，发现镜子里的那个人，工作很平淡，收入不上不下，生活也波澜不惊，很平静，甚至很无聊。

我想，这个应该就是很多人的常态吧——这便是"努力"生活过后的自己，谈不上多糟，但好像也实在没什么可以骄傲和称赞的。更有甚者，脸上是委曲求全，心里是沙漠荒原，寸草不生。这样的人生，哪怕只是想一想都让人感到无望吧。

不知道，你是否思考过"努力"这个词是什么含义，而到底什么才真的算是努力?

这是个真实的故事。

春节年三十的夜里，她一个人在国外，打完工已经是晚上九点，坐地铁回家。地铁站有个卖艺的大叔拿着吉他在演奏。大叔开始一直盯着她，盯着她的外套，盯着她手里的中餐外带盒。

她很害怕，因为听说有些人专门抢劫一些孤身在外的胆小的亚洲女孩子，她不知道他想干什么，周围又是空荡无人。她努力镇定了一下，决定走过去，给他的吉他盒里塞了1美元，而他礼貌地点了点头。

然后，他弹了一首曲子，在那个只有她和他的地铁站。听得出来，他弹得不是很熟练，应该不常弹。

曲子是《茉莉花》。

车来了，她不敢回头看他，低头冲上了车。

那天的地铁车厢里只有她一个人，她放开声音，号啕大哭。像一个春天里马上就要融化的雪人。

我一直很想知道女孩后来的生活是什么样的，因为我相信，她后来的故事一定很温暖，毫不狗血。

其实，有像她这样的经历的人应该很多很多，她们的努力是为了看到更大的世界，是为了可以有自由选择人生的机会，是为了以后可以不向讨厌的人低头，是为了能够在自己喜欢的人出现的时候，不至于自卑扭捏心虚，而是充满自信、理直气壮地说出那句话："我知道你很好，但是我也不差。"

请你记得，生活给了一个人多少磨难，日后必会还给他多少幸运。肯为梦想奔波的人有很多，似乎并不差你一个，但只要你坚持到了最后，不放弃，你就是唯一。

有时候，当你坚持了你最不想干的事情，熬过了最糟糕的日子之后，才可得到你最想要的东西。最后，曾经那些苦日子已经不再是煎熬，而是变成了救赎。但前提是你真的挺过来了。

谁都会害怕，尤其是害怕拼了命的努力过后，却还是什么都得不到，留不住。但是你也必须清楚知道的一点是，这个世界上从来都没有"不劳而获"这件事，对于把每天当作世界末日，每次工作都是跳着舞对世界说"88"的蜜蜂而言，采到蜜那是必然的。

毕竟，暗暗发的誓，都是亮闪闪的。

I say...

有时候，真想不如就承认一下，
我没有那么坚强，也不是那样刀枪不入，
我只是想被温暖地抱一下。

You say...

别说人生无奈，所有的人都是一样，
各自背负着大大小小的遗憾，
走一段尽量不会辜负的人生。

希望几年后，你会满意那个努力之后的自己，你会
有足够的底气和他说一句——遇见你很高兴。

我相信
我会永远生猛下去

在人生的所有节点里，成年后的第一个圆满，可能是以二十岁作为分界线的吧。

二十岁之前，你可能是青春无敌，看轻世界上所有的成功者，你觉得他们只是有很好的运气而已。同样的，你认为只要自己努力就一定能闯出一片天地，为了这个目标，为了扎根某个城市，你要奋斗一辈子。那时候，你还不懂得什么叫"无知者无畏"。

二十岁之后，你开始走进社会，刚开始工作，会埋怨工作不顺利、生活不如意。你渐渐发现人怎么都开始变得物质起来，疏远起来。最关键的，你突然意识到那些很牛的人原来真的是那么努力。

人在彷徨和迷茫的时候，很容易丢掉最初的勇气、冲劲儿和自信心。

于是，有人说你和她在一起不合适，你大概就会退缩放弃；有人说你缺点很多又懒惰，你大概也开始怀疑和否定自己；有人说你不合群，你大概就会开始焦躁不安，无所适从……

你看，你就是这样，总是去在乎别人的想法，别人说什么你都容易轻信，却从来不甚在意自己的想法。你要相信自己的想法，你要相信自己，你会有缺点，但也有不少发光点。更何况，这世界上的很多事，原本就是因为坚持才变得可贵，如果这么容易就放弃，那么你也就没什么资格获得成功了。

当一个人不能接纳自己，不能和自己友好地相处的时候，他自然就不能和这个世界友好地相处。关于这一点，任何人都一样，任何时候都一样。

所以，你应该去认识自己的长处，将它发扬光大，去接纳那些不可改变的东西。当你能够坦然地面对自己的时候，你就可以坦然地面对世界——放下包袱后，你才可以轻装前……

当人生走到……阶段你自然就会知道，在成年人的生活里，从来都没有"轻易……字。无论现实多么残忍和令人尴尬也必须接受，没有人可以过度让你依靠。

你可能会遇到一个人对你说会照顾你一辈子、养你一辈子的话，但是，也请永远记住，不是那些话不可相信，只不过，独立才是你首先最应该学会的，你最终所能依赖的，一定是你自己。

所以，必须让自己更加强大，强大到足够成为自己的依靠，去接受那些失去的爱，从未得到过的爱，以及期待着却未曾满足过的爱。

人在二十几岁的时候，正处在人生当中最好的黄金年代，你应该有好多的奢望，想爱、想吃、想疯狂。所以，有想法，那就大胆地去尝试，去感受不同的生活，多读书，多旅行，多结交有趣的朋友。不必非要搭上大把的精力和时间去迷茫，去犹豫和纠结什么选择是最好的，因为根本就没有人知道将来会发生些什么。

人生的每个阶段都会有它相应的姿态，过来人会告诉你，生活就是个缓慢"蒸发"的过程，人一天天老下去，力量和奢望也会一天天消失。

但是，这其实只是前半句，他的后半句一定是——二十多岁的你一无所有，却让所有人羡慕。现在的你如此年轻，你只需要相信自己，相信自己会永远生猛下去。

I say...

年轻的人，很像是落地又飞起的鸟，
连自己也不知道下次会在哪里栖息，
又该在哪里停留。

You say...

满世界随时随处都可以是个陷阱，
慌乱的心会带你走进最坏的结果。

一朵花凋零荒芜不了整个春天，一次挫折也荒废
不了整个人生。也许我们都一样，比自己想象中
更强大。

年轻人，
你的不努力就等于自私

从小到大，人似乎总是不可避免地要生活在与别人的比较当中。

小时候，比学习成绩和名次，比高考分数，再比考上了哪所学校。毕业了，工作了，就开始暗暗关注着谁的生活看起来更滋润，谁开的车更好，谁住的房子更好。然后，当你渐渐看到自己的同学或者相熟的人都过得风生水起，有模有样，你就有些惊慌失措了。

其实，比较这件事真的是永远没有止境的，如果你既没有一个远大的目标，也没有脚踏实地的干劲儿，还总是容易被外界的环境或者别人的眼光所左右，那么，你这辈子大概就只能活在愤懑和挫败当中，疲于奔命。

所谓成熟，就是把孤独、任性化作成长，去不断认清和强大自己；

所谓成熟，就是把尖锐、凉薄化作温柔，去拥抱和理解这个世界；

　　所谓成熟，就是在每个黑夜相信黎明，在每个黎明知道还会有黑夜，不急不躁，不慌不忙。

　　相反，如果碰到一点儿压力，就把自己变成不堪重负的样子；碰到一点儿不确定性，就把前途描绘成暗淡无光；碰到一点儿不开心，就搞的似乎是这辈子最黑暗的时候，大概，这些都是为了自己不想努力而放弃所找的最拙劣的借口。

　　生活不会让我们一无所有，让我们一无所有的是心态的老化，眼里不再有星星，心里不再有向往。

　　自己的痛苦唯有自己才有能力消释，当现实赤裸裸地告诉你必须面对的时候，你不必借烟酒消愁，也不用以堕落泄恨，世态炎凉总是在你到处展示不堪和无能的时候才会变本加厉，而那种自始至终都不变的向上的力量，就是你应对伤痛和回击凉薄最好的武器。

　　要知道，当你觉得世界越来越小，不是现实残酷，而是你放弃自己太早；不是别人势利，而是你已经抛弃了扬眉吐气的资本。

我们每个人终究都要为自己的人生埋单，或迟或早，而你总会明白这一句——自欺欺人找借口绝对是最最愚蠢的选择，毕竟，哪怕你的种种理由说服得了别人，却改变不了你自己的困境。

说得再毒舌一点，从某种意义上讲，年轻人，你的不努力就等于自私。

的确，这个世界有太多的无法理解，我们难免会灰心，会质疑，会害怕，然而，扛过去，这个世界也会留给你同样多的美好。所以，我们唯一不能做的，就是在最应该努力的时候举起白旗。

嗯，加油。

I say...

忽然之间发现，
人生往前行走会被拿掉很多东西，
我们开始没时间自怜，甚至没时间妒忌。

You say...

生活就是一场精致的减法，
别急着盛大，别急着把太多的事物请进生命。

我们最终都要远行，最终都要跟稚嫩的自己告别。
也许路途有点儿艰辛，有点儿孤独，但熬过了痛
苦，我们才能得以成长。

任何值得去的地方
都没有捷径

不知不觉中，你是否发现了这样一个事实：我们都到了一个略显尴尬的年纪，都不再那么年轻了却也没有足够的成长，都想依靠自己却发现还差一点儿什么，都想要往前走却发现前路漫漫，前有迷雾，后无增援。

然而，比这个事实更加迫切的事实就是——越是尴尬就越是要面对，才能真正摆脱它。

如果说得简单粗暴一点儿，没有任何一个男人，可以游手好闲还赢得女人的欣赏，也没有任何一个女人，能够好吃懒做就能得到一个男人的尊重。

所以，如果说世界上只存在一种最令人讨厌的人，那绝不该是什么别的人，而只能是那个不甘平庸却又不肯好好努力的自己。

有时候，你觉得自己不够好，你羡慕别人的生活怎么能如此闪闪发光。但其实呢，绝大多数人都是生而普通的，而她能成为平时脚踩售价动辄就是四位数的"恨天高"，身穿迪奥高级定制的时尚小礼服，手里拎着香奈儿最新款的包包，风风火火一往无前的女神，那也都只是她努力之后的结果。

不管是明星也好，不同领域的名人也好，那些在旁人眼里最有光彩、最成功的人，在他们当中，先苦后甜、先抑后扬的例子绝对也是最多的，一抓一大把，只不过，他们的付出往往并没有被放大到人前被大家看到而已。

说到底，人生所有的结果都在于自身。

就好像你之所以被别人的话一下子就点燃，是因为你刚好是柴，你的情绪被外在的东西所左右，就是因为内心当中就有这样易燃的东西。

如果你很爱发脾气，你就会认为别人常惹你生气，每件事都可能变成你愤怒的理由。你这是在投射，你把隐藏在自己内在的东西投射到别人身上。你会谴责所有的人和事，因为你心里隐藏着太多的怒气。

你是什么样的人，就会认为别人会是什么样。你不能容忍他人的部分，就是不能容忍自己的部分。

到头来你一定会发现，原来人生唯一的不幸是可以归结为自己的无能的。而人的一切痛苦，本质上都是对自己无能的愤怒。

所以，认认真真地好好努力吧，有野心就去试试，有目标就去靠近，别把时间浪费在多余的叹息和埋怨上，没有历练，终究换不来成长之后的模样。

I say...

人生是一场永不落幕的演出，
我们每一个人都是演员，
只不过，有的人顺从自己，有的人取悦观众。

You say...

每个人都已经登上了生活这条"贼船"，
唯一不同的是，
我们会让自己看到怎样的风景。

从远处凝望光明，朝它奋力奔去，就在那拼命忘
我的时间里，才有人生最真正的充实。

请你活给自己看

　　每次当有关青春的话题一热起来，不知道你是不是会有这种感觉——活在青春那端的自己，无论何时，好像都显得更开心一些。

　　现在的你，已经不复花季雨季那样的青涩懵懂和无忧无虑，岁月这把刻刀正虎视眈眈，似乎真的准备要对你下手了。然而，哪怕真的很想抓住青春的尾巴，其实你心里知道，青春并不是人生的避风港，每个人迟早都还是要驶离那里的，无论你情不情愿。

　　是啊，不情愿离开青春，却也必须大踏步地奔向成熟。

　　这个世界庞杂的声音太多，有太多的人喜欢跳出来对别人的生活指手画脚，可是当你一个人无助地伤心痛苦的时候，他们又都统统消失不见了，没有一个人能对你的人生负责。

　　所以，别太在意别人的看法，请你活给自己看。

我希望你不害怕跌倒。

趁着年轻，总需要多受一点儿苦，在你跌倒还能站起来的时候，然后你才会真正懂得谦恭。不然，自以为是的聪明和藐视一切的优越感迟早要毁了你。

我希望你多出去走走。

如果你宅在家里打游戏、看电影纯粹是为了打发时间，倒不如出去走一走，你会遇到很多不在你键盘和鼠标控制范围之内的东西，也会有很多不一样的体验和感悟。

我希望你对待工作一定要诚恳。

工作是生活很重要的一部分，占据了你大部分的时间，如果工作不愉快，生活和心情就难免会被它影响到。

我希望你别放弃自己真正喜欢的事。

人最好的状态是从事的工作是自己喜欢的，但是事实往往很不幸，很多人都无法让自己的兴趣变成自己的职业，但所幸是，你永远都可以坚持自己热爱的。

所以，为自己保留住一些自己真正喜欢的事，可以让你从中得到属于自己的快乐——我不是在谋生，而是在生活。这种快乐

的独一无二，也只有你自己可以体会。

　　我希望你多思考。

　　能吸引你的东西并非只是那些有着美丽外表的东西，很多人或者事物都有着自己的优点和长处，从他们身上汲取适合你的，来充实一下自己。

　　我希望你保持一颗平和的心。

　　基本上，外人只看结果，而不在乎你怎样在深夜里痛哭，怎样辗转反侧。等你自己独撑过来，明白了这个道理，便不会再在人前矫情，四处诉说以求宽慰了。

　　你会慢慢发现，其实很多东西都是泡沫，是不需要别人去碰都会自己碎掉的虚幻的东西。

　　这世上的每个人都有自己的困难和苦恼，无论什么事等时间过了以后再看都是浮云。所以，珍惜你应该珍惜的，尽自己所能，不要留有遗憾就好。

　　其实，世上所有事情都是两面的，如果你感到委屈，证明你还有底线；如果你感到迷茫，证明你还有追求；如果你感到痛苦，证明你还有力气；如果你感到失望，证明你还有期待。

　　从某种意义上说，这样的你，永远都不会被打倒。

I say...

有时候，
人会忽然间觉得自己不像当初那样勇敢了，
害怕改变，害怕未知，更害怕失去。

You say...

如果因为害怕而放弃了新的尝试，
也就等于拒绝了一切新的拥有。
你自己说说看，这样的逻辑科学吗？

有一天，你一定会后悔那些被偷懒所偷走的大好
时光。

每一个你所讨厌的现在，
都有一个不够努力的曾经

约翰·列侬曾说过："五岁时，妈妈总是告诉我，人生的关键在于快乐。上学后，人们问我长大了要做什么，我写下'快乐'。他们告诉我，我理解错了题目，我告诉他们，他们理解错了人生。"

然而，人生最正确的打开方式究竟是什么样子的？

这些年，你的身边有人远行，有人辞职，有人创业，有人寻梦，大家都在努力，想要试着活出一种独特的模样。可人生哪会让每个人如此容易，一路上，有人跌倒，也有人成功；有人风生水起，也有人忍气吞声；有人被拒之门外，也有人过得远远没有朋友们眼中的那么好。

然后呢，那又怎样？除了挺过去、蹚过去、扛过去，难道我们还有第二条路可选吗？

任何时候，别把所谓的"空虚寂寞冷"挂在嘴边当借口，只有过得太闲，才有时间在抱怨、比较这些无谓的事情上纠结，才有时间无病呻吟所谓的痛苦和迷茫。你见过每天从早忙到晚、带着疲惫的身体回家的人说过空虚寂寞冷吗？

反正我是从未见过。

大多数的"空虚寂寞冷"，基本上都是懒在作祟。如果找不到一份爱，那就好好做事，或者好好培养起一个爱好，"空虚寂寞冷"大概自然就不药而愈了。

既然还年轻，总要趁着大好光阴，去做一做那些以后想起来都会觉得带劲儿的事情，不管怎样，都比傻呵呵、木呆呆地坐在原地等着要好。

当你挺过去，当磨砺蜕变为成长印记的时候，就一定会感谢每一段难熬的经历。它们将你身上的包袱幻化为轻薄如羽翼的白纱，而那些质疑、不屑、轻视的眼光和声音，将在你内心形成一层轻薄而强大的隐形保护。

在这种保护下，你反思、反抗、反观自己，让内心变得强大、自信的同时，可以不对所谓的世俗妥协，然后日积月累，在某一天成为一个身披铠甲的勇士，在"战场"上所向披靡、锐不可当。

人生啊，就像一个大迷宫，总有那么几段会看起来像一个无解的难关，身边没有任何人可以帮助你，你只能自己开解。

所以，别说你害怕，害怕通常是最无意义的事，怕黑、怕高、怕疼、怕失去……但是你真的因为这些就从此停下来，真的不再往前迈一步了吗？

突然很想知道，几年后，我们或者都在看同一场奥运会或者世界杯的比赛，可是我们都不知道自己是用怎样的身份，深夜加班的小白领，刚刚辞职自己创业的创业者，或者是为了什么项目或课题忙碌着的科研人员……

事物瞬息万变，对于未知的一切，你是惶恐，还是期待？

到头来，千万别应了这句就好——"每一个你所讨厌的现在，都有一个不够努力的曾经。"

I say...

岁月是神偷，
总是不经意地偷走许多。

You say...

人生没有剧本，没有彩排，更不能重来，
而这也正是它最有趣的部分。

既然我们早晚都要去追寻心中那朵最美的蓝莲
花，那为什么不早点儿开始呢？

生活需要的不是无聊，
而是热爱

在你身边是不是有这样一种人，你会盼着她发朋友圈，每次看到刷新出来的最新动态是她的头像，心里就会有一种莫名的期待，迫不及待地想要点开。

我的朋友圈里就有这样一个女孩，三天两头会发发照片或者长长短短的文字，而你完全不会烦，绝不会想拉黑她，每次都觉得她格外有正能量。

这姑娘倒是很少自拍，她喜欢运动，跑步或者游泳的时候偶尔在朋友圈发一点小小的感受，比如遇到了帅哥，吃了好吃的冰沙什么的。总之，很家常，也很接地气，毫不矫情，一看到她发的状态就能想到她眼神明亮、元气满满的样子。

改变就是这样形成的，每当我在聊天群里看到她的时候，感觉群里沉闷的气氛突然间就活了起来。

她的存在感很强，我们的话题不自觉就聚焦到她身上。其实她完全没有刻意做什么，只是当她一出现，我们自然话题的中心就立马围绕着她了。

我觉得我从来没有像现在这样愿意去靠近甚至羡慕一个人，而她不是电影里的超级英雄，不是登上演讲台的成功者，更不是明星或者是某一个领域功成名就的大腕儿，她就只是一个实实在在生活在我们身边的人，出身、学历、工作机遇都和我们没有多大差异，她只是喜欢生活，而且用心过着她喜欢的生活，并把这份能量传递到朋友身上。

她就是这样，平平凡凡，却活成了周围人最想成为的模样。让人真心想为努力工作、热爱生活、内心温柔而且强大的她，点上一百个赞。

曾经问过一位跑马拉松的朋友，怎样坚持跑过那漫长的距离，他的回答是：

"你为什么用'坚持'这个词，而不是'热爱'？跑步是禅，是安静的思索和修炼，是场独自旅行，绝不是凭借毅力和勇气甚至到达终点的野心来维持，而是发自内心的热爱。"

同样，生活除了起起伏伏，更是日复一日，如果你无法对它

始终保持热爱，而是得过且过，视之为无聊的坚持和难熬的勉强，那么，日子自然也就只剩下了日复一日的磨蚀，磨蚀掉你的信心，你的未来，你的人生。

我们都巴望自己能够成为智慧满满、内心强大的人，然而我希望，那并非是因为我们被伤得体无完肤以后的绝地重生，也不是因为我们经历过别人所没经历的痛苦，而是因为我们在普通平凡的生活里，用自己的努力，早早就具备了洞察力和卓绝的悟性，能够从别人的故事里看清规律，从别人的经验中悟出自己的道理，随着岁月，告别那个懵懂迷茫的自己，成为一个通透睿智的人。

嗯，我们都会变成更好的人。

I say...

童话里的故事都是骗人的，
现实中的麻烦全是免费包邮的，
人生啊，太难。

You say...

每个发生在你身上的事件都是一个礼物，
只不过，有的礼物被包得很难看。
如果你能带着耐心温柔地拆开，
你会享受到它内在蕴含着的丰盛美好。

这世界没什么会迟到，只是你还没决定真正开始。
我们都只有足够努力，才能与自己所喜欢的一切
更相配。

呵呵，我不投降

　　人与生俱来的家境你无可选择，这世上绝大多数人并非含着金汤匙出生，对于所有需要靠自己打拼和奋斗的人来说，眼下的迷茫无助也好，无用武之地也罢，世界上的很多事并没什么复杂的，说到底无非两种。

　　如果你家境普通、长相普通、工作普通，最重要的是志向普通，你大概就会牵起一个和你同样平凡的人的手，结婚生子，过起所谓的安稳的小日子。

　　可是如果你真的是心怀不甘，那就干干净净、踏踏实实地去努力，去为自己创造更好的生活和境遇。世界已经发展到了现在这个时代，外面的世界那么大，而人生的道路和选择又是何其多元，真的容得下一个有着自己追求的年轻人，去一步一步、认认真真地走向自己所设定的人生目标。

这样的人，走过人生的风雨之后到最后都印证了这样一句话——如果你一直在努力，那么人生最坏的结果，也不过就是大器晚成。

的确，有时候努力了未必有结果，所以，《这个杀手不太冷》里，当小女孩问"人生总是这么痛苦吗，还是只有小时候是这样？"让·雷诺给她的回答是："总是如此。"

但是成功总需要方向，有时候你不碰几次壁又怎么知道该在哪个路口转弯？

太多人的努力和坚持可能看似会被浪费，但就像你忽然间明白的一些道理，其实都有着伏笔。

不管怎样，生活总会继续，你始终还得往前走。

最怕的就是你心有无数的幻想和杂念，女生把偶像剧里的剧情当成现实，指望着哪天一不小心就能和一个高富帅正好撞个满怀，两人一见钟情，爱情和好日子就这样美好地开始了。

而男生呢，就指望着忽然哪一天好运气来了，正热火朝天地熬夜打着游戏，天上就掉下个大大的馅饼，还正好砸到自己手里，给自己一份年薪丰厚令人眼红的工作，然后，好房好车好悠闲。

很多时候，人生的可悲之处就在于当你真正明白了一些道理，却早已经无能为力。到头来一事无成，就只能暗自唏嘘慨叹一声"唉，一切都是命运"。

其实，永远别去苛责命运，也别去唏嘘所谓的不公，因为你如何选择，命运就如何发生，没有人能替你承受，也没有人拿得走你的坚强，除非你选择自己缴枪投降。唯此而已。

或许你会说，这是一个看颜值的时代，但是如果你仔细推敲一下，好莱坞的女明星们虽说无一不是顶级美女，但美貌能帮她们所铺的路其实很有限，任何一个真正站住了脚跟的人，其实都可以随时把"美"字去掉。也恰恰因为这个"美"字，她所付出的努力可能要达到平凡人的几倍，才会得到真正的认可。

我们谁都无法选择怎样的出身和背景，却一定有足够的余地，选择怎样过自己的生活。如果没有，那只能说明你还未曾真正尝试以及努力过。

无论你拥有多大的梦想、多好的天赋，"懒"这个字，足以毁了你。

你要深信，趁年轻时多一些努力，就多几分收益，没有什么比这个投资更划算的了。无论什么时候，优秀是一个人最大的发言权——无论在哪里，能让你发声的机会，都隐藏在你的才华和能力里。

你想过上什么样的生活，那就从你意识到那是怎么一个模样的时候起，快马加鞭往前走，自己去奋斗、去获得吧。记住，每个人的前路都有沟壑，跨不过去就是苟且，跨过去了才叫远方。

人生中所有的目标都是自带光环的，但目标的魅力却并不在于光环有多么耀眼，而是你真的让它有实现的那一天。

D

没错，
我不回头

○ ○ ○

如果你还不懂得什么是珍惜，

那我教你好了——

从失去我开始。

请记得，

这世上有一种人，

是那漫漫人生里你只能错过的好人。

I say...

回忆真是一种很奇妙的东西，
它生活在过去，
存在于现在，却能影响未来。

You say...

时间总会把对的人留到最后，
所以，如果中途有人离开，
请你别哭。

别急着埋怨自己运气不好，谁都不会总能拿到一手好牌，但也不会次次都遇上人渣。嗯，就这么简单。

没错，我不回头

打开衣柜，那几件最喜欢的衣服都是她买的；

翻开抽屉，看见的是当初生日和情人节时候互相赠送的礼物；

出去吃饭，习惯性点的都是她最偏爱的素菜；

发信息时的措辞习惯，看电影时最习惯选的位子，和别人合照时摆出的手势……全都是她的影子。

对，你们曾经很好，很好，只不过，后来天气多凉，也再收不到她的问候了。

可是，再然后呢？失个恋、分个手、伤个心，就非要热热闹闹地作够33天才算完？拜托，基本上那只是电影里才会有的故事和桥段。

其实有时候，无论是一个地方或是一个人，我们自以为的喜欢未必就是真正的喜欢，而是习惯，是熟悉，因为这种熟悉带给我们安全感。

后来，当你意识到真的要失去这个人的时候，最真实的反应未必就是大哭，是崩溃，是撕心裂肺，而是恍恍惚惚之间无法言说的一种错觉，像是被什么东西一下子击穿，你会疼，似乎没有任何真实的来源，但奇怪的是，你却永远不想让它消失。

人，不曾经历过就不会真正理解，为什么当下的痛都是值得你去享受的一种东西，因为以后有一天，无论你离开谁，或者谁离开你，你都不会再像现在这么痛了。到了那一天，你也许会想念曾经那么想念一个人的滋味。

世事多变化，不经意间你发现，你以前常常去光顾的那家餐厅换了装修，追了好几季的美剧真的播到了最后一集，以前最爱去的 KTV 悄悄关闭了，街角的那家咖啡厅不再调制薄荷巧克力，站在某个人身边的那个人也不再是你了。

你看，所有的东西都在沿着岁月的轨道慢慢地兀自行进着，再不是回忆里那熟悉的旧模样。我们生命里的相聚离开实在再正常不过，即使再舍不得过去，也是时候该往前挪一挪了。

多年之后，即便当初再怎么心碎、再怎么失意，那也不过就是一场回忆而已。生活总会带着你继续往前奔走，你也始终还是要放下。有些人出现在你的生命里，也许，就是为了好好说一声"再见"，刻骨铭心地痛上一场以后各自珍重。

是不是觉得，时间真是一种很无情的东西？但是，看似无情的背后，其实也自有它的意义与逻辑。

当经过一些伤痛之后，他会从那个冲动鲁莽、不懂珍惜的毛头小伙子，你会从那个遇到了事情只会在原地跺脚抹眼泪哭鼻子的任性的小丫头，蜕变成一个内心宽厚有天有地的成年人，有肩膀，有温度，有底气。而你又能说，这样的成长不是你所需要的吗？

人生很长，你总会遇到很多很多的意想不到，有些错过就像一场事故，有些路注定偏离初衷。心里存有眷顾，路却仍然要向前走，而在我们的心里，那眷顾也被慢慢养成了一处温暖的伤痕。

谁的心里能没有几处伤痕呢？不畏惧伤害，肯直面未来，连伤疤都是"温暖牌"，这才是真正有生命力的人。

愿你我皆如是。

I say...

人啊，
扣子从第一颗就扣错位了，
但却常常要到最后一颗才发现。

You say...

其实，
刚刚在一起的时候你大概就已经猜到了结局，
可是你还是不服输，只想试试你们到底能走多远。

世间事，花开值得结果，发生的都值得回味。
但有些事，值得回味，却不必再回头。

留到最后的才是最好的

不知道有多少这样的恋人，两个人曾经一起想过房子买在哪里，按什么风格装修，买什么牌子的车，甚至于小孩子叫什么名字。她喝着他拧开盖子的水，他替她吃过她不爱吃的菜，他们一起坐着慢悠悠的火车出去旅行，他们一起窝在沙发上看了一下午的电影。她戴着他送的戒指，他穿的是她买的白色衬衣，他用她笑得很好看的照片当屏保。

她二十二岁就想嫁给他，他二十二岁也打算娶她，所有人都觉得他们一定一定会在一起，可是他们分开了。

对，分开了。

你看，有时候，地老天荒、生死相许的话别说得太早，基本上，一场不大不小的争吵就足够让人各奔东西了。这里面并不单纯是谁幼不幼稚、真不真心的问题，而是两个人原本就并不合适，仅此而已。

如果你想问，那后来呢？

后来，我们还是离开了曾经视之如生命的所有，而我们能给自己最好的结局就是——我曾经喜欢过你。

人啊，只要是回想过去就一定会有遗憾，尤其在爱情里，毕竟全心全意地期待过美好，可那些曾经填满自己全部的东西，却在一瞬间就那么烟消云散了。

然而，当后来的我们真的成了过来人就会知道，谈恋爱并不是解数学题，只要你的思路、方法、步骤正确，答案也自然就水到渠成了。

每个人在自己的感情里都有着自己的考量，是非对错也从来不是绝对的，即使是当初无论如何也无法释怀的事情，时过境迁之后再想想，大概也早就没了当初的那份执念。

那时候，我们真的是太年轻，以至于都不知道以后的时光竟然那么长，长得足够让我忘记你，足够让我重新喜欢一个人，尤甚当初喜欢你。

在一段感情中，或许没有谁刻意去伤害谁，也没有谁非得辜负了谁。如果把每一种"没能在一起"掰开了、揉碎了来看，不过是——你我都没错，但却必须承担这结果。

时光一路向前，而我们能做的，只能是让自己过得更好。在一起时，怕黑、怕虫、怕鬼，四体不勤五谷不分，分开以后，打蟑螂、走夜路、通水管，长途奔走洗衣煮饭，你瞧，你就是这么了不起，离开了一个人，你其实什么都可以，没什么大不了。

或许有生之年，狭路相逢，彼此的心里竟有着意想不到的平静，就只是像对某一位许久未见的普通朋友，用礼貌淡然的一句"好久不见"，就把所有酸楚、遗憾和怨怼的千言万语，都扔进了时光的垃圾桶。

有很多事没有值不值得，只有甘不甘愿。所以，谁也不必执念于算清自己的付出与得到，只要不辜负自己当时的内心就算赢。

不管是对于爱情还是友情，我只相信一句话——日久见人心，留到最后的才是最好的。

I say...

为什么太多太多的故事，
开头都是我要给你幸福，
但最后却成了我祝你幸福……

You say...

一辈子像是一部电影，
起承转合，更换场景，都太自然不过。

故事写到结局，总是有好有坏，而最糟糕的是换
来一句——我恨我爱你。

搭上离开你的世界的末班车

志明对春娇说："我小时候就是很喜欢吃一家便利店里卖的肉酱意大利面，那时候很多人都问我为什么喜欢吃，它真的是有点儿咸，肉也不多，但喜欢就是喜欢。"

大概，爱一个人也是这样的吧，我喜欢她，就是因为我觉得她好，什么都好。

只不过，最初爱上一个人的原因，常常就是后来离开一个人的原因。

其实，爱情本就是这样一件没有任何道理可讲的事，从不喜欢到喜欢，从爱到深爱，从深爱到不爱，一切的变化既可以是水到渠成，也可以是顷刻之间。

爱情像是两性之间的一场战争游戏，而代价就是，你很可能必须面对功亏一篑的结局。于是，前任就成了一种避无可避的存在。像是调皮的叛军，无论你怎么躲，永远跟着你，冷不丁跳出来摇旗呐喊，让你分分钟又回到十面埋伏的境地。

然而，再美好也经不住遗忘，再悲伤也敌不过时光，时间像是一块橡皮擦，会帮你抹去曾经鲜活的记忆。总有一天，酒杯碎了，照片删了，日记丢了，伤疤平了，心也就定了。

当你回头看看那些经历过的人和事，当时再大的事现在看来好像也不过如此，你甚至会觉得自己当时真的有点儿小题大做，又太过幼稚。

有些人像阳光，温暖、美好、明亮，却终究无法挽留。可惜归可惜，但是你也不得不承认，就是因为发生过的这些，才让你变得如此强大和成熟起来。

爱情不是做生意，失败了就要倾家荡产；爱情也不是下赌注，输掉了就变成穷光蛋。既然目的地注定不同，那就搭乘最后开来的一列末班车，离开有你的世界，不回头。

瞧，很酷，不是吗？

再深的回忆，轻轻放下就好。毕竟，能够真正伤害一个人的，或许并不是伤害以及事件本身，而是我们自己，自己的执念，自己的死撑，自己的不甘。

对，我爱过奶茶、咖啡与烈酒，如今饮着白开水也未觉不妥。

对，我爱过零食、烧烤和鱼肉，如今倒宁愿自己费时熬一碗白粥。

人只有在经历失去喜欢的人、错失美好的事、得不到想要的快乐之后，你才能开始真正认识自己；只有在收拾过爱情的残局之后，你才相信，你所拥有的不过是此时此刻，你所得到的不过是在上一个站台错失的。

会有这么一天，你的内心坚定，没有恐惧，你开始喜欢自己，并恍然大悟：或许，有些爱，错就错在有一方始终爱对方比爱自己多一点。

永远别低估一个人的自我疗愈能力，也别忘记每个人都是渴望新生活、新呵护的。

所以，千万别刚刚经历一点儿波折就说什么"再也不相信爱情了"这样的傻话，不管怎样，生活终归还是要继续，而你永远都猜不到生活会在哪个路口给你设一个坎儿，也料不到它会在哪个阶段给你一份爱。

这世上所有的能量都是守恒的，包括感情。你失去的、付出的，总会有另外一个人以另外一种方式补偿给你，只不过，一个人能倾心付出的爱往往就这么多，再得到时，记得，不要挥霍。

I say...

那段爱，
像是童年时的压岁钱，被自己藏了又藏，
直到最后，竟再也想不起来放在了哪里。

You say...

不是每段爱情都能圆满，你迟早会发现，
世界上所有的"非你不行""非她不可"，
原来都不过是误会一场。

时间最残酷，但也最慈悲，因为它永远只留下那
些真正属于你的东西。

人生最大的误会之一，就是非谁不可

你有没有发现，这世上会对你好的，冰箱算一个，它说："可乐已经冰镇好了，等你回来喝哦。"

床算一个，它说："你还不睡，那我陪你失眠吧。"

炉灶算一个，它说："肚子饿不饿，煮碗面给你呀？"

当然，钱包也算一个，它说："失恋了？火锅还是烧烤，啤的还是红的？"

爱情是一件很玄的事，陷入其中的人智商可能会瞬间归零。你嘲笑他为什么第一次见你时只会傻笑，其实他心里早就像烟花一样炸出了一千一万句旁白，只是因为怦然心动，才什么都说不出来。

爱情是一件很美的事，看见那个人的一瞬间，就感觉好像走了好远好远的路以后，终于到家了。

然而，爱情也是一件很苦的事，正所谓青涩不及当初，聚散不由你我。一开始的时候，谁都巴望着自己的这场感情天长地久，浪漫到底，但有多少能真正如愿？恰似王朔所说："情感这东西是有寿命的，白头到老的那就是朋友。"

拿得起，放得下，永远是爱情里最基础的入门功课。它会以各种各样不同的方式告诉你，不是每段故事都有后来，很多期待只会无疾而终，很多事没有来日方长，很多人只会悄然离场。

爱情里的喜欢常常都是这样，明明很想要月亮，但是最后却只能得到月光。

如果喜欢一人久了最后却又分开，总会觉得自己已经把所有的力气都用光了，没有信心再去喜欢另一个人了。这样的感觉就好像当你已经看过了最美的极光、彩虹、日落和海洋，而你的眼睛却突然间失明。

可后来呢？分开了是不是真的就是世界末日了？

实际上的后来就是——曾经那么在乎、那么好的人离开了，但天不会塌，你也不会真的活不下去。

人生几多变幻，不必先急着吵嚷说回忆是如何如何汹涌，更不必急着绝望。喜怒悲欢、聚散离合任谁都要经历上几番，无人

能够幸免。

或许，人生里发生的最大的误会之一，就是此生非谁不可，所谓的忘不了、放不下，大多都是你自愿选择的，是自己给自己挖了一个坑，然后义无反顾地跳进去。坑是自己亲手挖的，跳也是自己要跳的，最后不肯爬出来的也是自己。

其实，如果仔细想一想，我们每个人都是一样，往前不断地行走时，难免要失掉一些、错过一些，我们会错过新年的钟声，错过夜晚的烟火，错过电影的开场，错过盛开的满树樱花……

只不过，错过了一些，同时也得到了一些，起起落落之后，你自然已经知道，这些都是人生当中再普通不过的事，谁都会遇到，也必须都要接纳。

人和人之间都是有"时差"的，既然真的调整不到一起，对于彼此来说，放手不见得一定是坏事，而是最好的选择。毕竟，一见钟情、相见恨晚有时只是错觉，相知恨晚、相濡以沫才是难得。

I say...

我去过你的城市，
吹过你吹过的风，算不算相拥？

You say...

不管你爱过多少人，不管你爱得多么痛苦或是快乐，
最后你不是学会了怎样恋爱，
而是学会了怎样去爱自己。

往事如烟，伤了心的人其实都是在等，等时间过
去，等自己真的成了过来人。

不可能的事，
开始就是结束

曾经听一个朋友讲过一个故事，一棵树爱上了马路对面的另一棵树，我问她然后呢，她说然后就没有然后了……

很久以后，当我逐渐经历了一些悲欢离合我才懂，不可能的事，开始就是结束。

我们也许见过很多不圆满的爱情，输给距离，输给现实，输给时间，输给所谓的人生目标不同，但最终，其实都是输给了自己——自己的不确定，不成熟，不坚持，不够爱。

只不过，当局者迷，就像小时候，刮奖刮出了"谢"字也不舍得扔，非得把"谢谢惠顾"干干净净地刮出来才舍得扔。其实，往后的大多事情也是一样，真心喜欢过一个人，就总是不忍心、不愿意告诉自己，你们之间是真的不可能了。

很多时候，分开根本不会像偶像剧中所渲染的那样，得不到了就得哭个死去活来，分手了就非要闹个惊天动地，变着花样儿报复到底。即便当中会有难熬，但有些经历就好像一阵风一般，哪怕再冷，吹过去了也就好了，谁都不必非要恨到要死要活。

有时候你把什么放下了，不是因为突然就舍得了，而是因为期限到了、任性够了、成熟多了，也就知道这一页真的应该翻过去了。毕竟，再甜蜜、再深刻的回忆，也无法长期去营养一个人。

命中有缘，一切自会花开结果，若是无缘，就应该让过往成为掩埋思念与记忆的土壤。失去了恋人是悲伤的，更让人难过的是迷失了一颗心。

所以，放手、死心也许就只是一瞬间、一秒钟的事，说什么"放不下""离不开""伤不起"也都是自欺欺人而已。只要经历的事足够让你失望甚至绝望，足够让你彻底明白这个人是不会给你安全感，也是不适合和你共度余生的，放下就是必然的。

后来某一天，当你和朋友吃饭闲聊，笑着谈及以前曾经爱过的人时，你才发现，当时让你食不知味、夜不能寐的那个人，早就已经变成了如今不咸不淡的路人甲，内心再也掀不起汹涌的波澜。那种感觉就像是卡在喉咙里的鱼刺，终于被咽下去了。

往事如风，那些在记忆中安放过的曾经，就像看过的一场电影，听过的一首歌，吃过的一杯冰淇淋，过去便是过去，无凭无据。

其实，每一个季节都有残缺，每一个故事都有暗伤。说到底，爱情永远都不是一个人生活的全部，你的幸福与爱情有关，但爱情绝不是幸福的唯一属性。

当你转过头再去想，失去不过是人生当中最平凡的事，爱情终究死不了人。梦碎过，便知缠绵悱恻的荒唐，也终于知道了熙熙攘攘当中的我们，并没有那么多要去的海角天涯。

人生有些事只适合收藏，一旦变换形式，就不再是它们了。

所以，如果真的没有在一起，也请你别难过，也许，他只是在你最孤独的时候给了你一些陪伴，在你还没了解自己真正想要什么的时候给了你一些答案，告诉你以后如何以更舒服、更成熟的姿态，去面对和享受爱情，去好好爱别人。

必定要失去的东西，那就顺其自然吧，转身的方式有很多，于人于己，纠纠缠缠一定都是最不酷的一种。

I say...

一场失恋就像是剪坏、烫坏的头发，
所有的安慰其实都是于事无补的废话。

You say...

有时候，
需要你记住的话唯有一句——时光一路向前，
我们谁都不必活在谁的前任里。

举一杯酒，从此，你再也不是我的盖世英雄。

我有酒，
你有没有故事

　　年少的时候听情歌，大概只是觉得好听，后来终于知道，失恋的人是不能听歌的，因为每首歌写的都是自己。

　　失恋的人会变得尤其"饥饿"，而且特别敏感，什么样的歌都能细细咀嚼，再一口咽下，酿出自己的苦水。更有甚者，不单单是熟悉的歌，人在不开心的时候，走到熟悉的地方会哭，就算是在电影院看一部劣质俗套的烂电影也会哭。回忆就像是一个水龙头，而且还是一个失控的水龙头，你连拧都不用拧。

　　原来，能触动你的从来都不是别人的故事，而是别人的故事让你想起了自己的故事。在这世上，没有谁是谁心中永远的"白月光"，有多少人，只是想起了自己心里的伤。

　　有些人，真的是哪里都好，只不过，当好人和好人遇到了一起，动心动情以后，未必就等于有缘到老。

爱情不单单是一场相遇和吸引，更是一种能力。要想谈一场不会分开的恋爱，男女双方至少要满足以下三点：明白自己的心、懂得如何爱人、准备好付出。

然而遗憾的却是，实际上，很多人都无法在这三点上和对方始终保持相同的节奏，如何"做自己"和如何"爱对方"这两方僵持不下却又无法调整。于是，最终的结果就是，表达的方式互不受用，追求的方向又存在偏差，那么再怎么走、再怎么努力，也注定还是一场错过。

感情的事往往就是这样，微妙而且残酷。

不过没关系啊，你要知道，可能爱情更伟大的意义并不是占有，而是有一个人存在于你的记忆里，即便你们最后没有在一起，但是他让你落泪之后，内心的力量开始野蛮生长，让你成为更好的模样。

这世上所有的情感都像是气球，哪怕一度被吹得再大，随着时间过去，即便不被什么东西刺破，里面的空气还是会漏光的，气球会缩小，会慢慢干瘪。

其实，悲伤也是一样，总有一天会消失，伤口也总有一天会弥合，世界上没有不带伤的人，我们每个人都是自己的医生，是自愈的高手。

所以，往漫漫人生里说，尽管我们身边每个人的出场和退场方式各有不同，但道理终究都是一样——有些东西既然已经过了保质期，那么，轻轻放下就好。

　　往小情小爱里说，对于前任，最好的结局大概就是互不伤害的淡忘。既然彼此相遇时很美，如果真的要分开时，姿态也一定要尽量好看一点儿，我们不再相见、不再想念、不再相欠。

　　你迟早会和别人携手，眉眼含笑，而我也会轻靠在别人的肩头慢慢变老，你我的一切都与彼此无关了。

　　你曾是我暖心的炉火，也是我遗憾的月光。

　　今天早上我没有煎两个鸡蛋，我自己浇了花，我出门带好了钥匙，回来了也不必敲门。你看，我真的没有想你。

　　这个冬天没有你，我要开始习惯一个人，习惯没有你的微笑、争吵和拥抱，习惯自己为自己制造阳光。

　　嗯，我会冷暖自知，愿你亦如此。

I say...

有时候觉得世界很小，
不想见的人逛个超市都能碰见。
有时候又觉得世界太大，想见的人就真的没有再见。

You say...

其实，不见面有不见面的好啊，
那样，彼此就依然还是记忆中最美好的样子。

不要太着急爱上一个人，不要和一个人熟得太快，
来得快的，通常去得也快。

别跟过去的人，
纠缠过去的事

年少时候的你，曾想和谁谈一场最长最久的恋爱，长久到从青春到暮年？

能牵起一个人的手，把初恋变成一辈子的婚姻，这种可能性能有多大？

爱情里的聚散离合就像忽然而至的雷雨，真的不是谁想怎样就能怎样的，而"我爱你"这三个字，也不是谁都能说到最后的。

后来，倾心爱过的人都变成了什么？深夜无眠时的辗转，歌词里的暗伤，电影情节的代入，还是心里永远的伤疤？

留了十年的长发十几分钟就能剪完，曾经记得再熟的单词毕业久了也就快忘得差不多了，当初觉得爱到死去活来、肝肠寸断、彻夜难眠的人，或许一觉醒来就再也思念不起来了。

这并非是所谓的人心易冷，只是彻底知道，彼此再也回不去了。

想想你衣橱里那些以前穿过的衣服，的确，你怀念穿着它们的那段奋斗的时光，但如今，年岁、身材、气质、环境都已经大不相同，你再也不可能把它们穿上身了，你留着它们恐怕也只是白白占了位置。

原来，所谓的放不下，其实只是不肯放下。

有时候，你放不下一个人，并非是因为那个人无可替代，而是因为你在那个人身上花费了太多的时间还有精力，一旦分开，就好像自己用时间和青春细心堆砌的城堡在轰然之间全部倒塌。

所以，人在追忆起往事的时候常会冒出这样的想法——如果真的可以回到过去，如果把那句"对不起"换成"我爱你"，结果会不会不一样？

冷静下来想一想，其实这是一个比较悖论的问题，时光不会倒着走，你我又何必再回头？

过去的人就好像是生芽的土豆、发酵的牛奶、隔夜的茶水、隔日的香气，哪怕你还记得当初有多美好，却再也恢复不了当初的面貌。

当坚持之苦大过放弃之痛，大概就是你该放手的时候了。

爱情里大部分的痛苦都是不肯离场的结果，没有命中注定的不幸，只有死不放手的执着。

所以，这世上最傻里傻气、最笨拙的做法之一，就是一直一直跟过去的人纠缠过去的事。而真正洒脱磊落的人，不过就是学会了一句最简单的自问自答：

"结束了吗？"

"嗯，没错，都结束了。"

很多时候总觉得是伤痛让我们强大，后来才懂得，原来让我们强大的是放下。

经年回首，曾以为海枯石烂的那个人，甚至已经逐渐淡忘了他的眉眼，关于那个时候的那些爱与爱过，也只是生命中某一站的故事而已。也许最后，依然能留于彼此心里最暖的一句台词便是——你是这么好的人，我当初并不知道。

不过幸好，当初对方少给我们的，我们都已在别处得到。

I say...

很久以前我喜欢过这片天空，
那时候你还是我的超级英雄。

You say...

爱情里的伤心，
其实可以是骄傲的——
可能我只是你生命之中的一个过客，
然而，你再也不会遇见第二个我。

我们都是人而不是神，难免会受伤。所以，好好
爱自己，胜过爱爱情。

你以为的意料之外，
其实都在情理之中

有多少人的单身宣言一直是"我在等那个合适的人出现"。

可现实是，你遇到了很多人，但也错过了很多人，即使你已经谈过几次恋爱，可你始终没能遇到一个"合适的人"。其实，不是上天不眷顾你，而是遇到一个合适的人本身就是极小概率的事件。

什么样的人才能够被称为"合适的人"？

摆在橱窗里的衣服，有的人运气很好，样式、价格、尺码都甚合心意，分分钟埋单走人，没有丝毫勉强。但更多时候其实难以两全其美，样式你很喜欢，但是却没有适合你的尺码，尺码合适的，样式和价格又稍差一点儿。于是，差强人意已经算是好结果。

爱情也是一样，谁都希望遇见一个人，他命中注定就是你的，身高、学历、脾性、星座、三观、生活方式……什么都是刚刚好，他完完全全适合你，彼此的内心完全没有任何的纠结。可事实上，这个"合适的人"根本就是你心中的最"完美的人"，完美到量身定制，结果自然就是，遇到一个"完美的人"有多难，遇到一个"合适的人"就有多难。

你说："也不是啊，我只要性格合适就可以了，要求哪有那么高。"

其实，性格合适才是最高的要求，那些看起来合适的性格，无非都是经过了岁月的磨合，双方各自退一万步，收起属于自身尖锐的刺，才能最终换来一个舒适的怀抱。

如果你细想一想，人生也好，爱情也罢，我们遇到的所有的意料之外，其实都在情理之中。人生原本就是如此多元和富于变化的，谁遇见谁，谁离开谁，都并不算意外。所以才有人说，不能在一起的人，就是不对的人。

而那个在一起的人其实不一定要有多高的情商，但他能懂你的底线，懂你的愤怒点、笑点、哭点。他知道怎么能让你开心，他不会在你最感性的时候讲道理，不会在你气得眼睛冒火的时候跟你硬碰硬。这样，漫长的一生共度起来才不会太费力。

爱情往往很玄妙，你最想听到的"我爱你"这三个字，未必会出自你最爱的那个人之口，你最想要在一起的人和最适合在一起的人也很难是同一个人。

听起来好像很遗憾，是吧？可别忘了还有一条：这个世界上遗憾的事会多到堪比夜空里的浩瀚的繁星，但也从来不缺好故事。

什么是好故事？你爱上的人也恰好爱你，两个人一见钟情加相爱到老，秀上满满一辈子恩爱？当然好啊，但这终究是太难得的好运气。而且很多时候，越是梦幻般的开始，就越有可能是一场精彩的意外。

相比之下，更多人所选择和获得的，或许还是在日复一日的生活和磨砺当中，你们不知不觉地储蓄了对彼此的依赖感，终于有一天，你发现你们之间由当初不那么合拍的人，变成了彼此相依相守，怎么也离不开的人。

那些所谓的"命中注定"的相遇其实都是很随机的，就好比土豆和西红柿，根本就不是一个世界的，但是它们走到了一起，因为土豆变成了薯条，西红柿变成了番茄酱，它们就成了如此完美的一对组合。

瞧，也不错。

I say...

都说时间是最好的灵药，
可是却偏偏在我身上失了效。

You say...

你六岁时爱玩的玩具七岁也就不会再玩了，
那个伤你很深的人为什么不能尽早忘记?

时间是一名狙击手，弹弹击中记忆，
而下一发，我们都不知道会为谁上了膛。

所有的"可惜"，
原来都是"幸好"

感情这种存在，如果真想要来日方长，它就必须始终是相互欣赏和相互支撑的。

当两个人相处起来总是因为一些小事情意见不合，总是误会或者争吵，可能他觉得对方老是忽冷忽热、爱理不理，而她觉得对方不够耐心，不够宽容，脾气不够好；他觉得对方太敏感，她觉得对方没能给她足够的安全感。这样的时候，相处其实等于已经开始变成了一种对于彼此情感热度的消耗。

然后呢，一个人对另一个人的喜欢可能就这么多，等到它真的被一天天、一点点地磨完了，也就不会再有了，而两人之间的关系当然也就不那么乐观了。

爱情有时像是一种疾病，病入膏肓时，你会猜忌对方的真心，会怀疑自己的选择，一切都变得不对劲。终于有一天，彼此都忍无可忍，甚至还要经历过一段相爱相杀、难解难分的阶段，终究免不了最后的分道扬镳。

其实，这样的结果未必一定就是谁的错，也不是谁有多坏、多差，你们都是很好的人，但彼此之间的爱却不一定是最对的方式。你甚至曾经和很多人想的一样，两个人在一起，双方肯尝试着再努力多妥协一点儿，或许结果会有所不同，可是最终你们还是做不到。

等到真的分开了，你在下一个转角遇见了那个合适的人，你才终于发现，原来，爱情里并没有那么多意见不合和那么多需要妥协，自己没有那么差，对方也没有那么不可理喻。一切都美好得顺其自然，幸福得毫不费力。

别再纠结不适合的爱情了，尽管那段爱情曾经美好，尽管那段时间让你难忘，但你只有放开那个不合适的人，转角才能遇到合适的人。

人如此，物件也是一样。不再适合你的人，就像不再适合你的物件一样，尽管它承载了你很多美好的记忆，但也是时候该换了。

后来，当你们各自开始和很合适的那个人在一起，一天天活出漂漂亮亮的自己，过着幸福美满的生活时，恐怕你们便会由衷地感悟一句：当初的"可惜不是你"，原来是"幸好不是你"。

不再适合你的东西，与其放着生厌，不如让它留在青春的记忆里来得美好，而更适合的东西将陪伴你，在人生接下来的路程里过得更顺利，更幸福。

爱情里的伤心也好，痛苦也罢，与之相伴随的一些最温柔的慰藉通常就是——人要学会面对失去，明白遗憾才是完整，理解伤害是自我成长里最宝贵的一课。

但其实说穿了，这不过是因为我们别无选择。已经发生的一切，如果不给它一个温暖的意义，又能怎样？因此，唯有接受、承受、度过。

无论男女，更无论年龄，当你面对流星以及生日蛋糕的时候，一定还会在心里悄悄藏起一个天真的愿望吧。我会祝愿你学会接受，接受风浪，接受伤痕，接受错过，也祝愿这种技能永远没有用武之地。

I say...

如果可以，我愿意回到从前，
和好多人再重新认识一遍。

You say...

我们都难免想起谁，就像想起一朵不重开的花朵。
但时过境迁后总会知道，那些风月就仅仅只是风月，
而那些心愿也仅仅只是心愿，如此而已。

爱到分开未必就是输，如果今后我们都成了更好
的人，那又何必非要追究当初的孰是孰非？

我们终会找到
属于自己的那片湖泊

在心仪的美景面前，人很容易失语，在深深爱上的人面前也是一样，智商、情商、理性的表现常常会失掉正常的水准。

每个人都有自己的倔强，就像有时候，天气预报说明天气温降低，你不理，还是穿得很单薄；就像有人告诉你前面的路有些难走，你不信，偏要试一试才甘心；就像别人劝解了你很多遍"也许，你们真的不是太合适，分开了其实也不坏"，可你依然当局者迷，觉得自己大概再也遇不到比这更深刻的爱了。

你看，年轻的时候我们都一样，把喜欢当成爱，把不甘心当作放不下。那时候，我们并不知道，在那个冲动又倔强的年龄，或许，谁都难是谁的一生一世。

有些感情是有保质期的，可能就在某一个时刻我们会突然发现，那个人的白衬衫其实很普通，她的侧脸也没那么温柔；他的吉他已经好久没响过了，而她的眼神里也渐渐没了当初的欣喜和热烈。

于是，时间到了，你会走，谁也不必再回头。此番离别比你想象的要轻松自如。

你看，和现实相比，电影永远都是仁慈的，在电影里，离开的可以回来，错过的可以弥补。它总是让男女主角在还不成熟的岁月里相识，他们不但爱得起，还等得起，兜兜转转之后也都能重新圆满。

但生活终究不是电影，人和人一旦走上了分岔路，纵使留有再多遗憾想到弥补，也很难做得到了。

曾经用心地经历过，但却没能一直走下去，所以或深或浅，每个人心中都会藏着某个忘不掉的人吧。你可能会偶然在无聊的时候想起，在一个人吃饭的时候想起，走在夜晚的大街上看到一个近似的背影的时候想起，听着某一首歌的时候想起，甚至莫名其妙地在梦里想起。

可人生不就是这样吗，总是在最不经意时，想起那段回不去的时光和那个寻不回的旧人。

但是，这世界上有一种必然会到来的醒悟，那就叫作"别跟过去过不去"。

后来，你真的发现，这个人不管在不在你的身边，其实都不会改变你的生活，你依然会吃会睡会开玩笑，你会认识新的朋友。从前恋爱时没顾得上看完的书，被拿出来看完了；从前恋爱时享受美食不知不觉长到身上的赘肉，用跑步、健身减掉了；而那些关于未来的计划，关于人生的方向，你终于沉下心来，和自己来一次极度认真的对话。

这时候你就会明白，有的人你大概这辈子也忘不了，但是却根本不必影响到你的生活。未来很长，明天还要走很远很远的路，谁也不能总想着如何把日子倒回去。

如果从最普遍的意义上说，无论谁伤害过你，谁击溃过你，谁辜负过你，这些都不重要，重要的是谁让你的脸上重现笑容，谁让你的心里住满暖暖的阳光。

时光会带着我们检阅过很多的山川、河流还有荒漠，为的就是到最后，我们终将找到属于自己的那片湖泊以及绿洲。

愿山野浓雾都有路灯，愿风雨漂泊都能归舟。
愿余生有人鲜衣怒马，陪你看遍最美的繁花。
愿世间所有的美好都能如约而至。

I say...

希望那些当初没有好好说再见的人，
以后还能有机会相见吧。

You say...

在爱的时候，你可以相信他，
在真的必须离开的时候，
你要相信自己。

你爱谁，什么时候爱，为什么爱，或者你怎样去爱，
这都不重要，唯一重要的，是你有爱的能力。

离去的都是风景，
留下的才是人生

　　有时候，爱情里充满了试探——先别急着爱我，如果你愿意，就先来尝尝我的怪脾气、自私、任性和口是心非，过后，若你还爱我，那么，我的世界才可能有你。

　　有时候，爱情里充满了变数——爱情来的时候，南瓜马车水晶鞋，连尘埃和小草都发着光。可是当一个人不爱你的时候，很遗憾，你的吃醋就是小心眼儿，你的撒娇就是纠缠，你的想念就是打扰，你的关心就是太闲。总之，你这个人开始出现各种各样的"问题"，而这些"问题"在相遇的时候他都曾爱不释手。

　　有时候，爱情里又充满了无奈——我曾在所有人面前炫耀过你，如今，我瞒着所有人继续爱你。

　　其实，爱情是一个很残忍的命题，它有一个充满悖论和风险的前提，那就是：最后的最后，谁都未必一定能跟谁在一起。

　　于是，不圆满的结局常常让人知道了这样一个道理：有时候，幸福这东西一点儿都不符合牛顿的惯性定律，总是在滑行得最流畅的时候戛然而止，而当初那句"我喜欢你"的意思，原来是"从现在起，你已经具备了伤害我的能力"。

　　然后，为了忘记那个人，你去找闺蜜一起喝一场昏天黑地的大酒；为了走出那些回忆，你踏上了一场一个人的旅行；为了淡化那段伤痛，你希望另一个人赶快出现……为了忘记，你做了很多很多的事。

　　但是，在你做着这一切努力的时候，你不妨先想一想看，爱情毕竟不是童话。失去一段感情，你感觉心痛，而当心痛过后你才会发现，灰姑娘的水晶鞋若真的合脚，又怎么会掉？王子若真的爱她，又怎么会用鞋寻找而记不住她的容貌？

　　每段爱情都各有各的形态，但道理终究是一样的——好的爱情根本不会让你心力交瘁地去经营，真正爱你的人，也不可能让你整天如同战斗般惊心度日。

　　所以，实在想要挽回的时候务必要先想清楚，要分清是不甘，是遗憾，是愧疚，还是真的还爱着。不适合的鞋子，就不要硬塞了，磨出血的会是你自己的脚；搬走的餐厅，就不要天天非要大老远跑过去吃了，你的时间不能一直浪费在追随的路上。

所有的人和事，自己问心无愧就好，不是你的也别强求，反正离去的都是风景，留下的才是人生。

据说，人全身的细胞七年的时间都会更新一遍，所以，那些难以释怀的旧事，就权当是当局者迷吧。

然而，童话终归总是美好的，爱情的第一属性也绝不是带给人们失望和毁灭。

有些人成了彼此生命中划过的流星，但我们每个人最终还是会和当初热恋时所设想的一样：王子和公主幸福地生活在一起，只不过，我们终将归属于各自不同的世界，你将有你那个世界的公主，而我也将陪伴着我这个世界的王子。

真正对的人未必是一见钟情，而是要和你携手走完未来。

I say...

夜色深沉，
枉有一杯烈酒，却解不了半点愁。

You say...

有时候，
夜太美，谁都难免会想起谁。
只是，有些错过，真的不可惜。

爱情这种事很极端，要么一生，要么陌生，最忌
讳优柔寡断、犹疑不决，否则一旦纠缠得久了，
到后来你已经分不清楚到底是要爱，还是要赢。

所有的故地重游
都不会再一如当初

在心理学里有一种说法，认为异性间的初次见面，男人对女人的关注时间如果超过了 8.2 秒钟，这很有可能就是代表他爱上了她。

原来，爱上一个人连半分钟都用不了，但这几秒钟的记忆却需用一生来遗忘。

这世上最大的冒险大概就是爱上一个人，因为你永远也不知道自己全身心的投入和付出最终会换来什么结果。

这就像是一场轮盘赌，你明知可能会输，但又忍不住想投身其中。其实，你真正需要的并不是输赢，而是一个能令你收手的人，因为最终征服你的人，会令你失去爱其他人的能力。

有些人很幸运，这个人在生命中早早出现，但也有的人运气不佳，甚至需要去承受命运一次次不怀好意的捉弄。

如果有人在你最难过、最美好、最单纯的时光里陪你走过那么一段，陪伴在你的身旁，那么无论将来你们变成了什么样子，那个人你大概永远都没有办法彻底割舍下。

　　用自己最美好的一段时光去爱一个人，是年轻的我们所做过的最奢侈的事，然而，千万不要把对某段生活的感慨误解为对某个人的痴迷，那段日子注定会过去，你也会遇到更好、更温暖的人。

　　人生里很多事都有可能重新开始，久居的城市想离开终究还是会再回来，听腻的歌删除很久终究又下载了回来，但是，分开了的人却未必。

　　很多时候，一转身就是一辈子，哪里有剧本里那么好的运气，让你们在日后还能再相逢，让你把没说的话再说一遍，没做的事情再做一遍，离开过的人再爱一遍？即便在某天真的突然重逢，恐怕却发现时间再也退不回去，过去的感觉也再回不来了。

　　我们心里都很清楚，所有的故地重游都不会再一如当初，基本上，错过就是错过，那个人不会一直在你身后，而你也不必再苦等谁回头。

过了期的情感就像是开罐太久的可乐，味道可能尚在，可那股一下子就让人鼻腔一爽的感觉却再也没有了。

所以有时候，我们不禁会想，不如就让时间停在刚认识的那天就好，仿佛所有的故事都在等待着一个新的开始和一个不一样的结局。可是，其实我们都知道，生活的意义难道不就是这样，几秒钟的美不胜收，搭配上一辈子的耿耿于怀。

我们常常会忘了一些事，忘记冰箱里的食物什么时候过期，忘记喜欢的电视节目在哪一台，忘记记事本写到多少页，忘记去过的地方，忘记发过的疯。可是，忘记与放弃不同，忘记了可以重新再记起，而放弃过的就永远都不能回头了。

其实，我们都懂的，时过境迁，有些错过真的不可惜，有些人真的不必太想念。

都说时间是疗伤最好的药剂，当初原谅不了的结果都原谅了；原本要死要活想拥有的东西，现在都不需要了；曾经以为是最好的东西，也觉得不那么好了；原本最讨厌的事情，也觉得不那么刺眼了。

时间在把回忆变成回忆的同时，也在不断地告诉你一句话——对你最好的人一定是在你身边守着，而不是在回忆里让你念念不忘。

时间恍如流水，往事只能回味。等磨平了内心的棱角，人也就慢慢变得成熟宁静了。

愿你铠甲仍在，愿你少女心仍在，愿你美得不像话，所有的好事都像在发芽。

余生，愿你常欢笑，别皱眉，与最爱的人温柔相待。

放心，
我不辜负

○　○　○

睡的时候，不辜负床；

忙的时候，不辜负路；

饿的时候，不辜负胃；

爱的时候，不辜负人。

嗯，我能做到的。

I say...

我对未来还有很多期待，
对将要出现的你，也满心欢喜。

You say...

这种能让人一秒钟变得柔软和害羞的东西，
大概就是爱情吧。

你所热爱的不一定拥有，你所向往的不一定抵达，
你所眷恋的不一定停驻，你所坚定的不一定持续。
经过与快乐的谈判，与痛苦的和解，最适合你的
生活方式，就是归宿。

我不为山川驻足，
只为吻你而低头

　　有人说，爱情就是"想碰触又收回了手"。那么，爱情便是羞怯。

　　有人说，爱情就是"真真实实地知道了，世上有一种人可以一见倾心、百看不厌"。那么，爱情便是心动。

　　有人说，爱情就是"努力让自己成为那个更好的人"。那么，爱情便是努力。

　　有人说，爱情就是"在千山万水人海相遇，哦，原来你也在这里"。那么，爱情便是久违。

　　有人说，爱情就是"舒适且毫不尴尬的沉默"。那么，爱情便是默契。

　　有人说，爱情好比"风陵渡口初相遇，一见杨过误终生"。那么，爱情便是无悔。

有人说，爱情就是"我想和你一起生活，想一起吃好吃的，替你擦掉嘴角的酱汁，再捏捏你的脸"。那么，爱情便是宠爱。

有人说，爱情就是"在看星座的时候，总是顺便把他的也一起看了"。那么，爱情便是用心。

有人说，爱情好比"庭有枇杷树，吾妻死之年所手植也，今已亭亭如盖矣"。那么，爱情便是坚守。

有人说，爱情就是"在见到她之前，我从未想到要结婚。我娶了她几十年。从未后悔娶她，也未想过要娶别的女人"。那么，爱情便是满足。

有人说，爱情就是"和他在一起不害怕死，也不害怕活下去"。那么，爱情便是安全感。

有人说，爱情就是"当喜欢的人睡着了之后，感觉全世界都像失去了意义"。那么，爱情便是陪伴。

爱情可以有好多好多种模样，对我来讲，我更倾向于林奕华的观点。

这位香港著名舞台剧导演曾经说，爱情是一个化装舞会，每个人都在演戏，这是因为这种扮演其实是基于一种不安全感，想保护自己，或者让人喜欢你。有人把爱混淆成欲望，但它与欲望是不同的。当你爱一个人的时候，你是真诚的、宽容的，因为你希望她按自己的路走，所以你不会牵制她，而欲望只会让你占有她。

人山人海，想遇到一个和自己合拍的人太难得。一旦遇到了，我希望那个人会知道：

我爱你，不是喜欢，不是迷恋，不是花痴，不是崇拜，就只是爱，那种"我不为山川驻足，只为吻你而低头"的爱，不厌倦，不辜负。

而对你来说，爱又是什么？

I say...

我们似乎生活在一个很急的时代，
急着让一切完美，
却忘了世界上根本就没有完美这回事。

You say...

生活并不完美，但并不代表它不美。
多看看你生活当中美的部分吧，
否则，我们永远会有羡慕不完的别人的人生。

珍惜现在的一切，因为它们都是后来你回头望时
会发光的东西。

我们对自己的人生是
有主动权的

英国有一家报社曾经向社会征答"谁是最幸福的人",然后,给出来第一种最幸福的人是一个妈妈刚给孩子洗完澡,怀抱着婴儿;

第二种最幸福的人,是一个医生治好了病人并且送他开心地远去;

第三种最幸福的人,是一个孩子在海滩上筑起了沙堡;

备选答案是,一个作家写完了著作的最后一个字,放下笔的那一瞬间。

实际上,从某种意义上说,人的第一责任是使你自己幸福。如果你自己幸福了,你才能使别人幸福,因为,幸福的人也更愿意在自己周围看到幸福的人。

人越是不断成长就越会发现,日复一日的日子看似平淡无奇,波澜不惊,可真的回头想想,一年前的你在担忧哪些问题、是个怎样的人，再看看如今，你在面对什么问题、成了怎样的人，就会猛然发现，命运原来是在一路狂奔着，我们都只能奋力向前。

在这狂奔的过程中，每个人都可能遇到突如其来的转变，面对这些身不由己的变化，我们会疲惫，会迷茫，会胆怯，有的人会抱怨颓丧，顺势跌落下去，而有的人却能迸发出力量，活出新的生命。

其实，人永远对自己的人生是有主动权的，是活得破破烂烂还是漂漂亮亮，完全取决于你自己。

我们的一切努力无非是为了更好的生活，但所谓更好生活的前提，首先应该是有足够的能力和余地取悦自己。一个人如果连让自己快乐的能力都欠缺，又如何谈得上给予别人温暖和力量？

如果觉得自己压力大就去看场电影，如果运气不好失恋了就试试健身跑步、泡泡书店，如果暂时找不到方向就选择继续寻找。如果你渴望的一切都还未到来，那就让等待的姿势更为虔诚。

明天还有无数种可能性，千万不要在最年轻、最具有创造力的时候就丢失了一切热情。

路就在那里，未来就在那里，你只有走过去，才能抵达更好的未来。

愿你此后做的每一个选择都能为自己打开一扇窗子，让你看得到更美的世界；

愿你每天那么忙，做的都是自己所喜欢的；

愿你少一些慨叹何必当初，多一些柳暗花明；

愿你以后所有的泪水都是喜极而泣。

唯此，才不算辜负这还可以更好的生命。

I say...

其实，我需要的并不多，
就是用一些小细节告诉我——
你会陪着我，永远不辜负。

You say...

世界上本没有那么多好听的情话，
都是因为你喜欢他，
所以他说的每一句你都觉得是糖。

不完美的开始，未必不能走到完美的结束，人生
没有什么事是一定的，都是在碰，在等，在慢慢
寻找。

既然你有那么想要保护的东西，那就拔剑好了

偶尔聚会，听闻他回国，换了新的号码，心里料想，之前的必定已不会再用。后来，借着微醺的酒劲儿，她便发了短信给他早前的号码，絮絮地讲着之前不敢讲的话。

"除了你，再没遇到谁把我鞋带往桌子腿上绑的，也没人往我连帽外套的帽子里放瓜子皮了。"

"你自己说，那时候你多讨厌。"

"这几年，你好不好？"

"……"

"其实，我一直都很喜欢你，我们在一起吧，好不好？"

清晨醒来，她发现了一条未读短信，短信很简单只一字一标点——"好。"

很多事情都是这样，也许，不经意到了一个转角，甚至当

一切归迹于无声的时候，才能让你真正听到那句"我喜欢你"。所以，好险，这不是一个"你一定不知道，我曾经如此喜欢过你"的故事，而剩余的每一天，我都会在每一个喜欢你的日子里，被你喜欢。

只不过，这样的故事结局纵然美好，但给我的第一感觉却是后怕，怕她差一点儿就辜负了曾经藏在自己心里那么久，又那么美好的喜欢。

年纪轻轻的时候，谁都有自己的矜持、腼腆、胆怯、自卑，面对喜欢的人总是会欲言又止。于是，你在草稿箱里、日记里、心里存满了想要对他说的话，但是到头来，却连一字半句也没敢告诉他。

世界上最糟糕的事情之一，大概是觉得自己配不上心里喜欢的那个人，就像彼此站在下雨的屋檐，你却始终不肯上前说一句："我这里有伞，不如，一起走吧。"

很多人，错过了，就是错过了。很多话，当时没说，也就再没勇气说了。

又或者，运气好一点儿的，当你终于演够了这么久的独角戏，说不定会有那么一次的冲动，又借着那半打啤酒和愚人节的机会，终于把这份喜欢说出口。但是，这又能改变得了什么呢？其实有的时候，对方并非不知道你的心思，而只是装作不知道而已。

所以，不说的时候还好，一旦说了，于人于己，可能都是满满的尴尬吧。最后你失去的，是自己长久以来那么小心翼翼呵护着的最后一点点幻想。

你看，暗恋真的算是这世上最难把控的距离，远了，怕看不到他的喜怒哀乐；近了，又怕发现他的喜怒哀乐里并没有你的分量，反正怎么做都是心酸。

于是，你安慰自己，其实做好朋友也挺好的啊，可进可退，永远处于不会出局的最安全的位置。但是你要知道，当好一个"备胎"的前提是——只要你甘心做他一辈子的路人甲，只要你多年以后不后悔。

有时候，爱情败给的不是距离，不是时间，不是家世背景，不是你现在多么平凡，更不是什么所谓的第三者，而是想太多，想爱又不敢爱，不敢爱又不甘心，白白辜负和消耗掉了自己的用心。

其实有时候爱情的道理很简单——既然你有那么想要保护的东西，那就拔剑好了啊。

I say...

时间带走时间，
谁会一直陪着谁？

You say...

所有的长相厮守都是恰逢其时。
那个能让你活得最像自己的人，
必然会是那个最爱你且你最爱的人。

时间就该浪费在美好的事物上，感情也该浪费在
值得的人身上。

世界那么大，
我只想和你一个人挤沙发

如果有人在你半年前的一条朋友圈上点了一个赞，是怎样一种感觉？

手滑？

嗯，很有可能，但也至少说明了一点——他真的是一条一条翻看到了那里。

如果这个人又恰好是你对他有一点儿好感的呢？

曾经，我们写过了成百上千条微博、朋友圈或者日志，有些是写给专门的人看的，但这个人往往看不到，他不会看，也不想看。

而你心里倒也还算释然，你对自己说："他很少刷微博，从不发朋友圈，也不经常更新空间动态，那说明他一定过得很好吧，因为想说话的人应该就在身边。"

有可能这个人一辈子也不知道，有一个人曾经这么努力地想要珍惜过他。

　　然而，你又何尝不是一样？或许，有一个人，他看过你所有的状态，读过你所有的微博，看过你发布的所有照片，试着去听你很喜欢的歌，看你很喜欢的书，而你却并不知道这些。

　　后来，你渐渐以为自己写的东西大概没有人真正会在意，直到有一天，另外一个人突然找到了机会跟你说："你在微博上写的所有东西我都看完了，我觉得真的很特别，很棒……"他说的是那么自然，那么确定。

　　你看，真正在乎你的人读的不是你的某条心情，他们想读的，可能是你的整个人生。

　　人生很多时候就是这样，你设置了千百种相遇的方式，却都抵不住蝴蝶无意间轻轻地扇了扇翅膀。爱情就是一场蝴蝶效应，因为一点感动，进而对一个人改变了看法，试着愿意去接触一个人，就算所爱相隔山海，也会在海的另一边，听到一场海啸当回应。

　　于是，这个人就这样走进了你的生活，然后慢慢占据了你的视线，也越来越闪耀。日复一日，你们对彼此越来越动心，也越来越合拍。也许没有传说中的一见钟情、相见恨晚，你们只是暗自庆幸，庆幸还好没有错过了彼此。最后，他成了你的李大仁，你成了他的程又青。

有一天早晨你打开微信，看见了这样一条朋友圈——"世界那么大，我只想和你一个人挤沙发。"后边跟着的是你的名字。

突然之间，你竟颇为安心——终究没辜负了自己这么长久以来的等待，不辜负在他没出现之前的所有时光。

至于那些未曾表白的心思，和那些动过心却未曾牵过手的人，他们也会有自己的一见钟情或者相见恨晚吧，他们被静静地存放在你心底的那些美好的往事里，成了你的天地一沙鸥，彼此一过客。

瞧，都很好，不是吗？

I say...

原来，张爱玲有一句话真的很对——
对于大多数的女人来说，
"爱"的意思就是"被爱"。

You say...

其实每个人都是一样，
我们孤单地来到这个世界，
都是为了能找一个人对自己好。

人生其实很公平，所有你经历过的都不可能没有
意义。愿你想念时可以拥抱，深爱时不必躲藏。

爱就是在一起，
吃很多很多顿饭

那天听到了一个很暖心的故事。

两个 80 后年轻人，异地恋爱。两个人基本都是趁着放长假的时候一起出去旅游，路途结束分别再飞回各自的城市。

回程的时候，到了机场，他连着皮夹拿走女孩的身份证去换好登机牌，让她在休息区等，然后再送她安检。等到女孩到达目的地，再拉开皮夹，发现里面被多塞了一些现金。

她告诉他真的不必这样，他就淡淡一笑说："你啊，平时真正喜欢上的东西也不多，想买就去买吧。还有，多吃点儿好的。"

我根本不想去猜测这两个人未来的结局是什么，我只是单纯地相信，这世界上真的有时间和距离打不败的爱情。

多好⋯⋯

很多人也许还是遵循类似姜喜宝的那一套爱情观——要么有很多很多爱，要么有很多很多钱。事实上，感情乃至婚姻都并不是非此即彼的单选题，在爱与金钱之外，更是两个人在一起，吃很多很多顿饭，说很多很多句话。

　　美好的爱情，除了惊喜和浪漫，也总要有一个地方，来安放柴米油盐。而所谓的爱，就是当感觉、热情、浪漫统统被拿掉之后，你仍然珍惜对方。

　　然而我们最常做的事，就是用特别幼稚的方式去威胁最爱自己的人，就好像，一个不爽就短信不回电话不接，扬言不再需要对方。看他越来越着急，发疯般地开始找你，你的心得到了空前的满足感。

　　其实，这世上哪来的什么天生的好脾气，如果你运气好，遇到了一个肯迁就你、保护你、包容你的人，千万记得，别任性地磨光了他的耐性和用心。

　　否则，如果有一天，当那个人不想再找你的时候，你或许才会顿悟，如此心甘情愿被你欺负的人，你大概再也遇不到了。

　　爱情可以分很多种，浪漫的人会说："你是我温暖的手套，冰凉的啤酒，带着阳光味道的白衬衫，日复一日的梦想。"

嘴甜的人会说:"你是我西瓜最中间的那一口,华夫饼上的枫糖浆,生日蛋糕上的巧克力薄碎。"

可是,我们大多数人所获得的都只是最平凡的幸福,而这种幸福的意义就是——人生的路还很长,我们都还年轻,只要往前走,就一定会有扑面而来的风风雨雨。但是,只要你在,我就会觉得岁月静好,人世安稳,就像是躲进树洞里过冬的松鼠,风雪离我很近,但寒冷离我很远。

人们都努力追求不平凡,到头来才知道,自己傻傻地错过了很多最平凡的幸福。

而我不想这样。

I say...

这个世界上应该的事有很多，
牙刷应该放在牙缸里，枕头应该放在床上，
西瓜应该切开再吃，炒菜应该最后放盐，
可是，在一起，却未必。

You say...

其实，所谓的"在一起"，
就是你高不高兴，健不健康，
我真的可以看到。

无论好坏，明天都会到来；无论迟早，总会有一
个人，变成你奋不顾身的理由。

你要配得起
势均力敌的爱情

　　我真的不太愿意听见你说，你希望遇到一个人，带给你全部的希望和光芒，免你忧伤，免你无枝可依，免你在大大的世界里颠沛流离。

　　我也不乐意熬上一碗心灵鸡汤，告诉你，终究会有个人，用尽整个心思去爱你，会用最宝贵的时间陪你做最浪漫的事，你要等。

　　原因其实很简单，基本上，这些大都是还没真正经历过多少爱情试炼的人的最初级的想法，而真正有营养、有未来的爱情却一定是"势均力敌型"的，是平等的，没有谁屈就谁，也没有谁攀附谁。

　　你不拖泥带水，我也不优柔寡断；你无须我俯视，我也无须你仰望；你是不错，可我也没差啊。

好的爱情就应该长成这副模样，不是弱者对强者的依附，不是强者对弱者的拯救，而是两个彼此独立的人走到一起，让彼此的世界都变得更大、更宽广。

男孩子不是整天只想着如何追求女孩子，围着女孩子转，谈情说爱搞浪漫；而女孩子也不会整天抱着一颗少女心，就把爱情当成天大的和唯一的事，一心就只想傻傻地等来一个依靠，让自己所有的难题都迎刃而解，然后一辈子一劳永逸。

如果仔细想一想就知道，凡是那些能把爱情和婚姻经营得风生水起的女子，单身时也绝对不是凄凉难耐，孤苦无依。她们在独自生活的时候就保持了制造新鲜和乐趣的能力，这才是人生真正的快乐。

所以，她们的爱情不是惨兮兮的"没你不行"，而是乐呵呵的"有你更好"。她和另一半的关联是两个独立灵魂之间的谈情说爱，而不是用生活的残渣碎屑，消耗掉手里大好的时光。

在爱情里，我们每个人对自己的要求都可以套用在一个能干净利落打败你的"假想敌"身上，因为退一万步说，如果真的有一天，你爱的人离开你，牵起了别人的手，那么，你是否希望她是一个段位高一点儿的情敌，好到让你输得心甘情愿，痛快淋漓？

其实，一场爱情应该像森林听见风声，像黑夜缠绕星辰，像夏天相配西瓜，像海洋容纳浩瀚。不管怎样，都别辜负了"爱情""缘分"这么美好的存在。

前景乐观，不是吗？

I say...

我并不需要天天都是情人节，
我只需要在绵长的生活里，
有一个人肯真的为我用心。

You say...

不是人人都是情话高手，而最好的等级，
就是把岁月写成了一封情书，纸短情长。

不嫉妒，不迎合，不尴尬，有话聊。嗯，这样的
爱情，又有谁会不喜欢呢……

我不贪心，
一生只够爱一人

"流浪几张双人床，换过几次信仰，才让戒指义无反顾地交换。"

即使在完全不知道的时候第一次听到这首歌，很多人大概都能猜到，这应该就是林夕的词。相比之下，"一生只够爱一人"的这种期许似乎显得有些太过浪漫了。

你要换过很多手机壳，才会觉得最完美的原来就是裸机；你要化过很多浓妆，才会真正欣赏素颜的清新自然；你要喝过很多碳酸饮料，才会回归白开水的平淡健康。

你要穿过很久的高跟鞋，才会想念帆布鞋所代表的青春美好；你要见惯城市的喧嚣繁闹，才会依赖田园的安静平和；你要看过很多的风景，才会清楚心之所想；你要错过很多人，才会在某一时刻一把紧紧抓住那个对的人。

人通常都是这样，见得多了，自然也就知道喜欢什么、怎么选了。

所以，对的人晚一点遇到，兴许也是另一种正好吧。

那时候，你明白了——自他出现后，不是一切格外梦幻，而是一切都格外真实。

那时候，你们都足够成熟、足够好。遇见了，认定了，就不会再分开。

其实我们都一样，在最开始的时候，我们想当英雄，想变超人，想成为被光环围绕着的很厉害的人。后来呢？后来，只想做一个普通人，养一条狗，一只猫，有一个小房子，和一个自己很爱很爱的人。

两个人牵着手，谈得来，合脾性，在一起舒坦、分开久了开始有点儿想念，安静久了想闹腾一下，吵架了又立马会后悔认输。

伊迪特·索德格朗在《礼物》里写过这样一句颇为著名的话——"在这五光十色的世界里，我要的只是公园里的一把长椅，有一只猫在上面晒太阳，我想我该坐在那儿，一封短信紧紧地贴在我的胸膛。我想这就是我的未来。"

我曾经特别喜欢这句话，喜欢这样的画面——平静、安心、踏实。但是，理想归理想，凡尘俗世毕竟还是凡尘俗世，身边有一个令你无比安心的人，才是这烟火人间里无可替代的温柔。日子琐碎，暖暖地留在胃里的，终归不是什么珍馐美味，而是最长情的陪伴。

我希望，我们都是一个幸运的人，身边有一个能够给予你很多力量和美感的人，他让你觉得爱一个人始终都是一件很有意思的事——我可以爱你二十岁的青涩，爱你三十岁的野心，爱你四十岁的胡楂，爱你五十岁的白发，爱你六十岁的坦荡和豁达，爱你七十岁渐渐笨重的步伐，哪怕到了八十岁，我还是能有爱你的理由。

总之，我将一直爱你。

I say...

真想记录下每一刻的时间，
烦躁的、不安的，悲伤的、开心的，惊喜的、失望的，
不至于在以后的以后，
想不起曾经还有过这样炽烈的情绪。

You say...

别老想着替谁遮风挡雨，
她也许真的会怕，
怕有一天身边忽然间就没有了你。

人生是一场奇妙的旅程，无人可替代，总有人离
开，也总有人到来。

爱与习惯

从某种程度上讲，一场感情就像是一次驯养，会留下很多很多的"后遗症"。

你连自己也不清楚从哪一刻开始，你习惯用他的口头语，习惯看到任何美好的东西都想到他，习惯了吃他爱吃的，习惯了喝他爱喝的，习惯了爱他所爱，习惯了有他的一切。

没有任何迹象的深深陷落，习惯是太可怕的东西，不知不觉当中，这些习惯见缝插针似的慢慢渗入你生活的每一寸肌理。

于是，两个人相处时间久了，你甚至会惊讶地发现，你的眼睛竟有点像他的眼睛，他的微笑竟也有点像你的微笑，你们走路的步态渐渐变得相似，你们说话的语气也越来越像，你们爱喝同一种饮料，你们总能猜到对方下一句话是什么。

你看，喜欢一个人久了，这种喜欢会自然而然地演变成一种习惯，当初的新鲜感渐渐消失了，取而代之的，是已经生长在骨子里的情愫。

从喜欢到习惯，这是一个漫长的过程，漫长到你还未曾发觉却已经深深依赖。然而，从习惯到失去却也可以是转瞬之间。

就像剪掉一截头发，习惯性地摸到最尾端，但却只抓到了空气。

就像是你戴过的手表，时间久了就会成为习惯，与此同时，你也会觉得它没了当初的惊艳，开始变得老旧，也没那么喜欢它了。于是，你决定扔掉它，但扔掉以后你才发现不习惯，可等你有点儿后悔想往回找的时候却早就已经找不到它了。

男人和女人都一样，最怕的就是为你付出了太多的情感，和你分享了自己全部的秘密，对你产生了依赖感以后，你却走了。基本上，习惯比深爱更可怕。

可是即便如此那又怎样？在这世界上，最容易变化的是人心，但可以天荒地老的同样还是人心。

所以，千万别和认为"爱情就像风浪里的小船，说翻就翻"的人交朋友，恋爱就更不必谈了。

对于爱情也好，幸福也罢，你得到它们的前提，就是你始终相信它们。那些心里认为没有什么是永远，也没有什么会很久，只要愿意，找个借口，谁都可以先走的人，不妨想一想：

据说，表白失败的概率是百分之七十，分手后复合的概率是百分之八十三，最后能走到一起的只有百分之三，异地恋分手概率是百分之九十，人死亡的概率是百分之百，你如果什么都害怕，又什么都担心的话，那这辈子就什么也不必做了。

当下的年代里，也许谁都成不了什么盖世英雄，但若真的爱了，还请你爱得奋勇一点儿，别枉费了丘比特射中你的一番美意。

"

I say...

第一眼就喜欢上的人，
可能是上辈子和你躲猫猫的人，
既然这辈子才找到，哪舍得轻易分开。

You say...

爱一个人的方式有一百零八种，
到最后，都是默契当中的理解与陪伴。

在很多人眼里，婚姻是爱情的坟墓，其实，婚姻
是最高难度的爱情，因为你必须边啃面包边谈它。

放心，我不辜负

　　爱情在一开始都会很相似，见到心动的人心里就会小鹿乱撞，听到浪漫的甜言蜜语就会心花怒放，但是慢慢来到了一定年纪，在乎的就不再只是一些虚无缥缈和抓不住的东西，而是温暖的、实实在在的好。

　　其实道理很简单——你若真想千杯不醉，除非平淡如水。

　　爱情的事往往很难讲，有些人是爱到吵架所以分手，还有些人则是爱到平淡也会分手。

　　然而，就绝大多数人而言，会真正陪你一路到老的人，是那种没太多意外，也没了当初的脸红心跳，却无论如何也离不开你的人。从激情到亲情，从感动到感恩，从浪漫到相守，时间越久就越不愿离开你，这样的人才叫爱人。

　　都说爱情这两个字很难，难在正好，正好的时间，正好的

缘分，正好的相遇。其实，比正好更难的，是甘愿。

这种甘愿并不是有钱的给你物质，有时间的给你陪伴，有情调的给你浪漫，那些都不是爱情真正完整的模样。而是花心的为你专一，爱玩的为你安定，性急的为你等待，爱逃避的为你坚持，骄傲的为你谦卑。

为你去尝试不擅长的事情，为了你想去成为一个更强大、更好的人，这才是爱情最有力、最真实、最动人的样子吧。

那些会令人舒服的爱情，其实也没有那么多的海誓山盟，无非就是需要温暖的时候它一直都在，需要呼吸的时候它懂得退守静候，不曾离开。

感情终究是两个人的事，所谓的轰轰烈烈也不过是在经历了很多考验和磨难之后，彼此还可以肩并着肩，手牵着手。

人生太漫长了，你们不会每天都能坐在烤肉店里互相喂着食物，不会每天都能牵着手逛游乐场，不会每天都能躺在沙发里打打闹闹，不会每天都是阳光正好，微风不噪。

随着年岁的增加，一定会有越来越多对世界的妥协和对情意的珍惜。

愿你厨房有烟火，客厅有故人，居室有温情；

愿你早起不孤独，白天有事奔，黑夜有人陪；

愿你有前途可期，有未来可盼，也有岁月可以回首；

愿你一生努力一生有爱，愿你的所有努力不被辜负，愿你的所有深情都有人懂。

I say...

如果时间啊、情感啊都像是
标着刻度的止咳糖浆瓶子那样，
可以掌握流量，
我们的生活是不是就可以变成自己最喜欢的模样?

You say...

你生活的模样的确与岁月相关，
但是别怕，它看似可以带走一切表面的美，
但却始终带不走你心里的天与地。

我们似乎总有理由想摆脱过去，然而， 摆脱它的
唯一途径，就是添之以更美的风景。

你的灵魂
要对得起你的美貌

都说以貌取人是做人的大忌，但有时候仔细想一想，以貌取人未必就不科学。

人啊，性格写在唇边，幸福露在眼角；理性感性寄于声线，真诚虚伪映在眼眸；站姿看出才华气度，步态可见自我认知；表情里有近来心境，眉宇间是过往岁月。

所以，以貌取人，取的是什么？是人的内在，是在岁月的沉淀下交付给外在的容貌。

一个人的面容固然取决于先天的遗传，且不可被逆转，但内在的气质和涵养却得以在后天的培养中逐渐打磨和润色。你现在的气质里，一定藏着你走过的路、读过的书、爱过的人和做过的事。

所以，我相信，一个自持修身、精致律己的人，她的容貌肯定不会太差。而事实证明，我们接触的大部分这样的人确实如此。

基本上，那个能够把自己的容貌和身材保持在一定水准之上的女人，和能够把生活经营得丰富而有趣的女人，是同一个人。反之，早早就放宽甚至放弃了对于自身外在要求的人，她的生活大抵也是可想而知的。

法国女人素来都以精致优雅著称，她们一生都在学习与保持美丽，她们从不认为，美貌只可赋予年轻的生命和身体，是只属于年轻人的事，她们相信"不管我活到什么年岁，都一定要美丽、得体"。

你看，庄严地爱着自己其实与年岁无关，在可能的条件下最悉心地打理，并能对这个世界抱有最初的善念，就是一种美。

这种美绝非浮浅的美丽，它是一个人剥离了外表之后的素养，是放在浩瀚的人海里也能一眼分辨出的气场。

我们都会欣赏和羡慕这样的女人，面容精致，心思精巧；上得厅堂，入得厨房；既能洗手做羹汤，又能挽袖剪花枝；既有拿得出手的才艺，又有撑得起职场的魄力；有能力爱自己，有余力爱他人。

于是，她们成了一种无论嫁给谁都会幸福的女人，但请你放心，像这样的女人，最后她嫁给的绝对不会是"任何人"。

难道不是吗？

以貌取人，取之有道。

从最根本的意义上说，这世上所谓的"成功""成就"不过就是，你的命运不辜负你的努力，你的灵魂对得起你的美貌。

I say...

命运是一件很离奇的事，
相遇总是猝不及防，离别亦是如此。

You say...

人们常把那些沉重的、抑郁的、不得已的视为生活本身，
实际上，
把自己的悲欢喜乐建立或者寄托在外在的力量上，
才是人生里最大的一个伪命题。

春天的花开满了墙，当初那个意气风发的你，是
否已经如愿以偿？

接受真相，享受生活

　　你必须首先弄明白一个最基本的道理——人生不易。

　　有时候你会开心，有时候你会难过，今天还陪着我们的人，或许明天就可能会分开，连我们自己有一天也必然会离开这个世界，所以，我们生活的意义到底在哪里？

　　村上春树曾说过"追求得到之日即其终结之时，寻觅的过程亦即失去的过程"。这过程会让你明白，拼出来的才可贵，痛出来的才鲜美。

　　我们都经历过孤身一个人的时候，那时候，人会有特别明显的软肋——孤独。有时候，你会想，这么好看的景色，这么好吃的食物，这么有意思的电影，要是有人跟我一起看，一起分享就好了。这么难的局面，这么远的路，这么重的东西，如果有个人帮、有个人陪、有个人可以依赖，也会完全不一样吧。

于是，每个走近你、对你心存关心、陪你排忧解难的人会占据一个很重要的位置，你开始对这件事情习以为常，并且慢慢显露和付出你的真心，可然后，你又被突如其来的分别打了一个措手不及。

但是生活也不会总是如此不怀好意，当日子再次因为其他人甚至是陌生人的善意，而变得柔软又明亮起来的时候，你又会觉得，嗯，还不赖。

其实，我们谁都无法特别精准地定义成长的标志，但就一定阶段来说，成长大概就是，你能从挫败感中走出来，而无须过度依赖他人的安慰，内在的伤口愈合得越来越快；

在某个时刻，你心里可能经历了一场海啸，可你却什么也没说，不动声色；

你会督促自己要按时完成必须做的事情，不会因为身边的一些人走开而损失生活的品质，不会因为一场打击迷失了自己。

你的心里不再有那么多不甘和不满，你知道，否则，快乐要怎么进得去？

说到底，当你开始意识到不把自己的喜乐悲欢，建立或者寄

托在外在的力量之上的时候，人的成长才会真正的到来。当你开始接受一切的真相，你才能真正开始享受生活。

听起来很容易，但是到底该怎么做呢？

你要学会关心和理解，把你必须做的事情做好，还要不断去发现你喜欢做的事情，并且坚持下去。你要善待朋友，要奔跑、跳跃、欢笑、哭泣，你要热爱生活，活得自由且痛快。

当一个人经历得越多，他就一定会越信奉两句话。

第一句是：Everything will be OK.

第二句是：Tomorrow is another day.

人生的确没有那么简单，但是我们也比自己想象的要勇敢，世界也比它自己表现的更可爱。

所以，从今天开始积攒运气，世界那么大，希望你总能遇到让你欣喜和坚定的人和事，希望你所有的真心和付出终不被辜负。

在每一条未知的路上，远方都有未来，而未来永远是崭新的，并且闪着光，等着你抵达。

I say...

"我爱你"三个字，
却构成了世界上最五味杂陈的一句话。

You say...

不要老盯着爱情看，
否则，它也会不自在的，
在爱情之外，永远都有值得你去热爱的东西。

幸福的人生活里不是没有不堪和琐碎，不是没有疲惫和失望，没有多少幸福是现成的，有幸福的人，只是会幸福罢了。

日子很长，
你要笑着慢慢来

当初的时候很任性，想着天南海北说走就走的旅行，想着住在装修风格如何如何的房子，想着会遇到如何如何优秀的另一半。

当初的时候很天真，认为等到自己被求婚的时候，一定会有最美的鲜花香吻，被很多的浪漫点缀。

当初的时候也很矫情，心想着有一天和心爱的人去海边吹风，还一定要穿着好看的鞋子和长裙，好好玩一玩最爱的波希米亚风。

瞧，我们每个人都希望自己的人生能够有趣、绚丽、生动，而这些美好基本都和爱情有关。正应了王小波所说——一辈子很长，要跟一个有趣的人在一起。

可后来，当自己的思想和见地一天天成熟和丰富起来，当自己所扮演的角色越来越多，就会慢慢知道，爱情其实远远没有承载着自己人生的全部意义，而有趣这件事呢，成本太高，它需要匹配足够的阅历、智商和自信才真的可以。

其实，任何一种人生都是有相应的代价的，最精彩的人生也永远是最难的。

难在它需要你既要有精致的灵魂，又要有敏锐的头脑；既要有滚烫的血液，又要有沉静的眼神；既要有深沉的想法，又要有俗世的趣味；既要有仰望星空的诗意，又要有脚踏实地的坚定。你经历了长夜，守到了黎明；你穿行过黑暗，还相信阳光。你要带着强大的内心上路，从脸上到心里，泛漾着从容淡定的笑意。

是不是觉得这样的人很像太阳，站在他们面前，能轻而易举地晒掉你所有不值一提的迷茫和矫情。

其实人生无绝对，很多时候，重要的并不是你怎样开始，而是你如何去创造。

每个人现在的样子，并不完全取决于各自的平台不同，也不是因为你当初没有选择另一条路，而是取决于你没有在这条路上真正努力寻找过更好、更扎实的方向。

你看，这世界上一定有人，没有丝毫的背景，出身平庸，拿着比别人差出几条街的资源，一样得到了很好的工作，事事风生水起；也一定有人长得一般，学历普通，但却真的很懂得享受生活，能被很好很好的人深深爱上，一样活得惬意又美好。

人生就像是一盒各式各样的巧克力，你永远都不知道自己下一次会吃下哪一种。到头来，最可怕的事情不是辜负别人，而是辜负了自己，一路上浑浑噩噩，期盼着，但却始终吃不到自己最喜欢的巧克力的滋味。

基本上，人生的精彩与失败与你够不够幸运无关，每个人的生命"配置"都不同，人生路径也不同，但毫无疑问的是，我们一定能在自己的能力范围里，给自己一个最优的结果，否则，就只能说明你还不够努力。

愿你无论多少岁，身体依然装着天生的美丽和温柔，世界依然那么大、那么好玩，愿你带着用不完的青春和好奇心，不断探索，不断去努力，在路上发现幸福并拥有它。

总之，日子很长，你要笑着慢慢来。

I say...

人花在过自己生活的时间并不多，
但花在想过什么生活的时间却很多。

You say...

世界那么大，路那么多，
你不可能都走得完，
那就想办法走得舒服一点儿，精彩一点儿。

阳光温柔，岁月静好，请做你心中最好的自己。

请做你心中最好的自己

"小确幸"这个词，源自村上春树 1984 年的随笔集《朗格汉岛的午后》，指微小而确实的幸福，是稍纵即逝的美好，这种体验由翻译家林少华译为小确幸。小确幸的感觉在于小，每一种小确幸持续的时间三秒至一整天不等。

小确幸的感觉在于小，持续时间并不长，但是却可以时时刻刻发生。

以下是加拿大《环球邮报》列出的三十件小确幸，你都经历过哪几件呢？据说经历过十一件以上就是一个快乐的人。

1. 摸摸口袋，竟然意外发现里面有钱。
2. 成功赶上将要出发的汽车或火车。
3. 别人为你按着电梯门的"打开"键，等你进来。
4. 电话响了，屏幕上显示的正好就是你刚才正在想的人。
5. 请别人为你挠背，他一下子挠到了最痒的部位。

6. 突然想起小时候最好的朋友的电话号码。

7. 你打算买的东西降价了。

8. 干净利落地撕下有黏性的价格标签。

9. 衣服上弄了污渍，但轻松洗掉了。

10. 把手指上的刺挑出来了。

11. 听到烤肉在烤架上发出"咝咝"的声音。

12. 一下子将废物扔进了垃圾箱，太准了。

13. 想着今天是星期三，其实是星期五。

14. 和朋友一起聊明星八卦。

15. 把最后一块图案放进了拼图里。

16. 从洗衣机里取出的两只袜子刚好是一双。

17. 完美地磕开一个鸡蛋。

18. 收到一封信，地址竟然是手写的。

19. 清空电脑的回收站。

20. 终于解开一个死结。

21. 换了张干干净净的新床单。

22. 坐飞机时，一大排座位就你一个人。

23. 在炎热天气里喝下一杯冰水。

24. 下雪后，第一个踩出脚印。

25. 吃妈妈做的炒鸡蛋。

26. 开车出门，一路都是绿灯。

27. 需要拥抱的时候，得到一个温暖的拥抱。

28. 排队时，你所在的队伍是最快的。

29. 广告时间换了频道，返回来的时候节目恰好开始。

30. 发现明年生日那天是星期六或星期天。

这三十件小确幸，你经历过几件？

其实，寻常生活中的小确幸远远不止这三十件而已：

出去吃饭，点餐的时候有人特意叮嘱了餐厅服务员一句：不要放香菜——她知道你不爱吃；

手机刚要没电的时候，你正好走进了家门；

收到的礼物正是你眼下很需要的；

出门逛街遇到了一款自己特别喜欢的衣服，尺码刚合适，而且还正在打折；

心急火燎地赶时间，平常总是堵车的路段竟然一路通畅；

加班到深夜的雨天，有人给你留了一把伞；

……

生活终归是生活，无论是激昂还是宁静，最重要的是你懂得自己想要什么，懂得在凡尘烟火中感受点点滴滴的感动，懂得知足，懂得珍惜青春，懂得珍惜身边的人。

图书在版编目（C I P）数据

孤勇之后，世界尽在眼前 / 迷鹿著 . — 北京：现代
出版社，2017.9

ISBN 978-7-5143-6158-2

Ⅰ . ①孤… Ⅱ . ①迷… Ⅲ . ①散文集—中国—当代
Ⅳ . ① I267

中国版本图书馆 CIP 数据核字（2017）第 114268 号

孤勇之后，世界尽在眼前

著　　者	迷 鹿
责任编辑	赵海燕　毕椿岚
出版发行	现代出版社
通讯地址	北京市安定门外安华里 504 号
邮政编码	100011
电　　话	010-64267325 64245264（传真）
网　　址	www.1980xd.com
电子邮箱	xiandai @ vip.sina.com
印　　刷	吉林省吉广国际广告股份有限公司
开　　本	880×1230　1/32
印　　张	8.5
版　　次	2017 年 9 月第 1 版　2017 年 9 月第 1 次印刷
书　　号	ISBN 978-7-5143-6158-2
定　　价	39.80 元